Günther Pardatscher

Winterschnitt

von Obst- und Ziergehölzen

5. Auflage
58 Farbfotos
44 Zeichnungen

Ulmer

Vorwort

Bücher über den Schnitt von Obstgehölzen gibt es zwar reichlich, aber über den Winterschnitt, insbesondere von Ziergehölzen, wurde bisher wenig veröffentlicht. Die meisten dieser Werke sind zudem sehr ausführlich abgefasst und für den Erwerbsobstbauer oder den Gehölzfachmann bestimmt.

Dieses Buch soll deshalb vor allem dem Hobby- und Kleingärtner das nötige Grundwissen vermitteln, das es ihm ermöglicht, auch ohne Vorkenntnisse seine Gartengehölze fachgerecht zu schneiden.

Dass dafür einige botanische Grundbegriffe erläutert werden müssen, versteht sich von selbst. Ich bitte aber um Verständnis dafür, dass im Rahmen dieses Buches nicht alle Anforderungen erfüllt werden können. Wer sich in Bezug auf den Schnitt von Gehölzen intensiver weiterbilden will, dem empfehle ich die am Ende genannten Bücher. Wenn sich der Laie anhand dieses Buches bei seinen Obst- und Ziergehölzen auskennen lernt, wenn er das richtige Gefühl bekommt für seine Pflanzen, wenn er schließlich selbst merkt, wo und warum er schneiden muss, dann hat dieses Buch seinen Zweck erfüllt.

Dr. Günter Pardatscher

Inhaltsverzeichnis

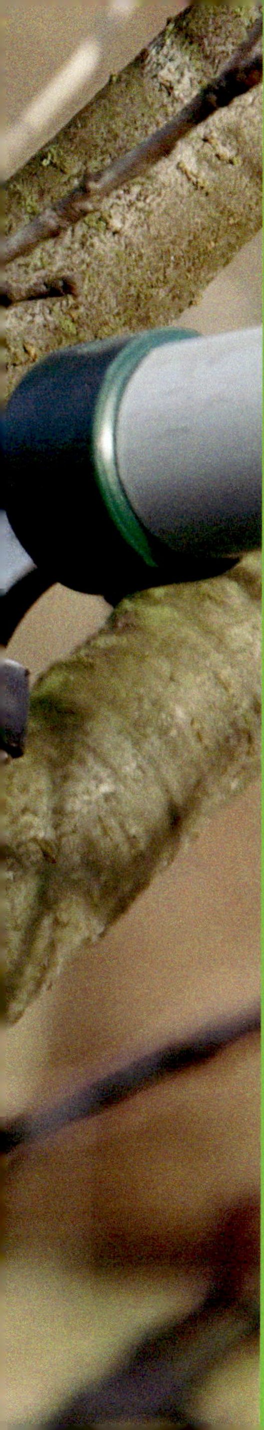

Gut geschnitten ist halb geblüht

Wie wachsen Sträucher und Bäume?
Welche Wuchs-, Trieb- und Knospenformen gibt es?
Welche Arten des Schneidens werden angewandt?
Auf all diese Grundfragen gibt Ihnen dieses Kapitel Antworten.

Voraussetzungen

Grundlegende Gedanken zum Winterschnitt

Die wild wachsenden Gehölze in der Natur blieben in früheren Zeiten sich selbst überlassen, was in weiten Gebieten der Erde heute noch der Fall ist. Manchmal brachen Eis, Schnee oder Stürme die Äste ab, die Stummel trieben wieder aus und die Pflanze ersetzte ihre fehlenden Organe.

In den Forstkulturen begann man jedoch bald, die jungen Stämme freizustellen, d. h. schwache Stämme herauszuhacken und die unteren Äste zu kappen, um totes Holz zu entfernen.

Der Schnitt der Obstbäume ist sicherlich so alt wie der Obstbau selbst. Ab dem Zeitpunkt, zu dem sich der Mensch nicht mehr mit dem Ernten wilder Früchte zufrieden gab und begann, systematisch Obstgehölze anzupflanzen, war auch schon das Bestreben vorhanden, den natürlichen, wilden Wuchs zu kontrollieren. Denn bald zeigte sich, dass ausgelichtete Kronen bessere und schönere Früchte brachten und dass Jungbäume durch Rückschnitt und Kronenkorrektur bessere und stabilere Kronen ausbildeten.

Seitdem sind verschiedene Theorien und Auffassungen vom Schnitt der Obstgehölze vertreten worden. So vertrat jeder der namhaften Pioniere des Obstbaues mit seiner Schule eine eigene Lehrmeinung. Sicher ist, dass alle diese Ansichten zum gleichen Ziel führten, nämlich unter den jeweils gegebenen Umständen einen quantitativ und qualitativ möglichst befriedigenden Fruchtertrag zu erzielen.

War man früher in der Obstkultur allein auf Handarbeit angewiesen, gewann später der Einsatz von Geräten und Maschinen immer mehr an Bedeutung. Heute wird versucht, in den großen Plantagen möglichst alle Arbeiten zu mechanisieren, selbst den Schnitt. Für uns genügen jedoch die einfachen Hilfsmittel. Die Verwendung einer pneumatischen Schere beispielsweise, lohnt sich nur, wenn ein Obstbauer einen größeren Betrieb zu betreuen hat. Wir im Kleingarten können bei Baumsäge und Baumschere bleiben. Wir haben noch die Zeit, unsere wenigen Bäume von Hand zu schneiden, und wir legen Wert auf sauberen Schnitt und gewissenhafte Arbeit.

Sicher ist jedenfalls, dass ein erfolgreicher Obstbau heute ohne Winterschnitt nicht mehr denkbar wäre. Wir kennen alle die ungepflegten Obstbäume in alten Bauerngärten, die mit ihren dichten und verwilderten Kronen aus Anbauersicht erschreckende Beispiele sind. Selbst die Ziergehölze sind heute nicht mehr ganz frei von Schnittmaßnahmen. Warum wir nun im einzelnen Fall schneiden sollten, darüber geben die folgenden Kapitel Auskunft.

Natürliche Wuchseigenschaften

Alle Gehölze, d. h. Bäume und Sträucher, zeigen in der Natur ganz bestimmte, arteigene Wuchseigenschaften. Sie sind hoch wachsend oder bleiben niedrig, sie bilden schlanke Säulen oder breite, ausladende Kronen. Manche bauen sich streng symmetrisch auf, andere bilden ein Gewirr aus Stämmen und Ästen.

Diese speziellen Wuchseigenschaften sind manchmal gemeinsames Merkmal ganzer Pflanzenfamilien wie beispielsweise den *Pinaceae*, der Familie der Kiefern und Tannen. Meist aber kennzeichnen die Wuchseigenschaften eine Gattung wie *Malus* (Apfel) oder *Fagus* (Buche). Sie sind aber immer spezifisch für eine Pflanzenart. Die Art ist auch aufgrund dieser Wuchseigenschaften zu erkennen (*Rosa canina*, Heckenrose oder *Rubus ideaeus*, Himbeere). Ausnahmen bilden nur die Varietäten, die verschiedenen Gartenzüchtungen, Zwergformen, Säulenformen u. a. Hier sagt aber der Name zumeist etwas über die Wuchsform aus, z. B. 'Nana' (zwergig) oder 'Columnaris' (säulenförmig) usw. Diese, im Bereich der Gartenformen sehr vielgestaltigen Pflanzen sind nur durch genaue Beschreibung zu erkennen.

Warum Schneiden?

Ideal wäre es, wenn man alle Gehölze so wachsen lassen könnte, wie sie sich von Natur aus selbst aufbauen. Die meisten Ziergehölze sind so auch tatsächlich am schönsten. Jeder künstliche Eingriff verzerrt oder entstellt den oft malerischen Aufbau der Pflanze, beraubt sie also ihrer arteigenen Natürlichkeit.

Doch leider ist der natürliche Wuchs nicht überall ideal. Bei Obstgehölzen liegt uns daran, die Phase des Fruchtertrages bald zu erreichen und möglichst lange zu erhalten. Die Gehölze brauchen lockere Kronen, damit wir durch gute Besonnung qualitativ hochwertige Früchte erzielen können. Der Erziehungsschnitt eines Obstbaumes dient aber auch dem Aufbau eines kräftigen, tragfähigen Kronengerüstes. Ungeschnitten aufgebaute Kronen haben lange, schwache Äste, die beim ersten, größeren Fruchtbehang oftmals brechen.

Diese Eigenschaften sind beim wilden Obstbaum nicht wichtig. Er fruchtet auch ohne Schnitt reichlich und die Qualität der Früchte spielt ohnehin keine Rolle. Es müssen nur möglichst viele Samen produziert werden, um die Art zu erhalten.

Bei den Ziergehölzen ist weitgehend ein natürlicher Wuchs anzustreben, aber es kann unter Umständen nötig sein, krankes oder abgestorbenes Holz zu entfernen bzw. einen Strauch zu verjüngen, wenn er zu groß geworden ist.

Persönliche Einstellung zum Schnitt

Wenn jemand den Gehölzschnitt grundsätzlich ablehnt, ist er meiner Meinung nach mit Ziergehölzen besser bedient, denn verwilderte Obstbäume können sehr schwer zu pflegen sein. Noch schlimmer ist, wenn der Gartenfreund alles schneiden will, ob not-

Der richtige Winterschnitt ist eine wichtige Voraussetzung für reichliche Blüte und hohen Ertrag.

wendig oder nicht. Damit werden die Pflanzen vorwiegend zur Holzproduktion angeregt, bilden aber weniger Blüten bzw. Früchte aus.

Voraussetzung für jeden Schnitt ist das Einfühlungsvermögen in das Leben der Pflanze, das Verständnis für die natürlichen Wuchseigenschaften der Gehölze und das Begreifen der Schnittfolgen. Nur wer weiß, wie ein Gehölz auf den Schnitt reagiert, kann lernen, die Pflanze richtig zu schneiden. Andernfalls erzielt er mit seiner »Schneiderei« nur unfruchtbare »Hirschgeweihe«, wie man sie leider oftmals in Kleingärten sieht.

Botanische Grundlagen

Wuchsformen

Die Wuchsformen unserer Gartengehölze gleichen alle den in der Natur vorkommenden Wuchsformen. Wir unterscheiden Bäume, Sträucher, Halbsträucher und Zwergsträucher.

Bäume bauen ihre Krone von einem Stamm ausgehend auf. Der Zuwachs findet vorwiegend an den Zweigspitzen statt, wobei in der Jugend ein starker Zuwachs erfolgt und im höheren Lebensalter die Trieblänge abnimmt.

Sträucher hingegen entwickeln meist mehrere Stämme vom Boden aus. Diese bauen sich auf wie Bäume, erreichen jedoch nur ein bestimmtes Lebensalter und werden immer wieder durch neue Stämme ersetzt, während die alten allmählich absterben.

Großsträucher sind Formen zwischen Strauch und Baum, d. h. die Stämme wachsen wie Bäume und sterben nicht ab, aber es treiben trotzdem von der Basis aus immer wieder neue Stämme nach, wie z. B. beim Haselstrauch.

Halbsträucher. Dieser Begriff wird für zweierlei Wuchsformen verwendet. Einmal für Sträucher, deren Stämme nur zwei Jahre leben, nach der Fruchtbildung absterben und jeweils durch neue Bodenstämme ersetzt werden (Himbeere, Brombeere). Zum anderen werden aber auch Gehölze als Halbsträucher bezeichnet, die nur an ihrer Stammbasis verholzen. Die Stämmchen erfrieren über den Winter und der Strauch baut sich jedes Frühjahr von unten wieder neu auf. Zu den Halbsträuchern gehören Sommerblüher, die trotzdem alljährlich blühen (Buschklee, Silberstrauch).

Zwergsträucher bleiben ihr Leben lang klein und zierlich, kriechen meist am Boden und wachsen alljährlich nur wenig zu. Sie werden oft als »Stauden« gehandhabt, obwohl sie echt verholzte und ausdauernde Stämmchen bilden. Es sind meist Immergrüne wie Heidekräuter, Sonnenröschen, Silberwurz, Steinröschen, Thymian, viele Ginsterarten oder auch Alpenpflanzen (Zwergweiden).

Stauden bilden keine ausdauernden Stämme aus, die (manchmal auch verholzten) Triebe sterben jeden Herbst bis zum Boden ab und werden im Frühjahr durch neue Triebe aus dem ausdauernden Wurzelstock ersetzt. Hierzu zählen die meisten Alpenpflanzen, viele Gartenblumen und die Erdbeere.

Sprossaufbau

In der Natur vollzieht sich die Kronenbildung nach arteigenen Wachstumsgesetzen. Beim streng spitzenbetonten Sprossaufbau bestimmt der Gipfeltrieb allein die Kronenform, während die Seitenzweige immer untergeordnet bleiben, z. B. bei den Fichten und Tannen. Viel häufiger sind jedoch Gipfeltrieb und Seitentriebe gleichermaßen am Kronenaufbau beteiligt. Oft stirbt der Gipfeltrieb ab oder verkümmert, und die Seitentriebe bauen die Krone weiter. Auf diese Weise wachsen fast alle Obstbäume und Ziergehölze, mit Ausnahme der meisten Koniferen und Zypressengewächse.

Zum Sprossaufbau zählt auch die Erneuerung der Stämme und Äste, die je nach Pflanzenart vorwiegend im Spitzenbereich (bei den meisten Bäumen), im mittleren Bereich älterer Stämme (Kletterrosen, s. Abb. Seite 13 oben, Holunder) oder im basalen Bereich stattfindet, wie bei den meisten Sträuchern (s. Abb. Seite 13 oben, Haselstrauch). Beim Aufbau der Krone stehen die Wurzeln mit den jeweils darüber stehenden Stammteilen, den Stämmen und Ästen in Verbindung, sodass z. B. die Wurzeln an der Nordseite eines Gehölzes auch die nordseitigen Äste versorgen. Wird eine Hauptwurzel beschädigt oder abgestochen, bleibt der Zuwachs an der jeweiligen Kronenseite nur schwach. Kommt eine Hauptwurzel in sehr kalkreiche Erde, wird bei kalkempfindlichen Gehölzen an den Ästen jener Seite Chlorose auftreten.

Triebformen

Bei den Gehölzen unterscheidet man verschiedene Arten von Trieben:

Langtriebe sind die kronenaufbauenden Elemente. Sie entspringen zumeist aus den Knospen im Spitzenbereich der Triebe, oft auch aus älteren Ästen und Stämmen; immer jedoch nach Verjüngung oder Astbruch. Aus den Langtrieben bauen sich Mittelstamm, Haupt- und Nebenäste auf. Sie werden deshalb auch als Haupt- oder Nebenleittriebe bezeichnet. Sie tragen an ihrer Spitze zumeist eine Triebknospe. Steht eine Blütenknospe an der Spitze, besorgen darunterstehende Knospen die Astverlängerung (Walnuss, Rosskastanie).

Kurztriebe entstehen aus Seitenknospen der Langtriebe. Sie bilden das sogenannte Fruchtholz, wenngleich auch Langtriebe bei vielen Gehölzen Blüten bilden können. Beim Kernobst werden die Kurztriebe unterteilt in Fruchtruten, Fruchtspieße und Ringelspieße.

Fruchtruten sind den Langtrieben untergeordnete, bis etwa 30 cm lange Triebe, die zumindest an ihrer Spitze eine Blütenknospe tragen.

Fruchtspieße heißen kurze, bis etwa 10 cm lange Sprosse, die mit einer Blütenknospe abschließen und beim Kernobst das wichtigste Fruchtholz bilden. Sie entstehen zumeist an den unteren Teilen der vorjährigen Langtriebe, unterhalb der Fruchtruten.

Ringelspieße. Fruchtspieße können bei alljährlich nur geringem Zuwachs zu Ringelspießen werden. Das sind ganz kurze, durch die engstehenden Blattnarben »geringelte« Sprosse, wie sie besonders beim Kernobst, aber auch bei Süßkirschen, Katsurabaum, Ginkgo, Zedern und Lärchen auftreten.

Quirlholz. Aus den Ringelspießen entsteht bei den Äpfeln und Birnen später das Quirlholz. Das sind stark verzweigte, kleine Sprosse, die immer

Neutriebbildung aus den mittleren und basalen Stammteilen bei Kletterrosen.

Neutriebbildung aus den basalen Stammteilen beim Haselstrauch.

Langtriebe (1) sind vorwiegend an jungen Bäumen und Sträuchern zu finden. Kurztriebe (2) entwickeln sich vorwiegend in den Kronen älterer Bäume. Oft werden Blütenknospen nur an Kurztrieben angelegt. Stark gestauchte Kurztriebe (3). Zu Dornen umgebildete Enden von Kurztrieben (4).

Quirlholz wie beim Kernobst.

Natürliche Verzweigung eines Apfeltriebes.

wieder Blattrosetten, Blütenknospen oder Fruchtspieße hervorbringen. Bei Verjüngung treiben die Blattknospen des Quirlholzes auch wieder mit Langtrieben durch (s. Abb. oben links). Das Quirlholz galt in früheren Zeiten beim Kernobst als das begehrte Fruchtholz. Heute wissen wir, dass hier nur an jungen Trieben hochwertige Früchte wachsen, daher verjüngen wir auch das Quirlholz laufend. Die verdickten Teile an Kurztrieben, an denen Früchte hingen, nennt man Fruchtkuchen. Diese können wieder Trieb- oder Blütenknospen erzeugen. Quirlholz besteht zumeist aus vielen solcher Fruchtkuchen.

Das Steinobst lässt eine ähnliche Sprossvielfalt erkennen wie das Kernobst, jedoch schließt hier jeder Trieb mit einer Triebknospe ab. Die Blütenknospen stehen seitlich an der Basis oder auch im mittleren und oberen Abschnitt von Langtrieben, an Kurztrieben oder an Bukettzweigen.

Bukettzweige entsprechen den Ringelspießen beim Kernobst und sind besonders deutlich bei Süß- und Sauerkirschen ausgebildet. Sie verzweigen sich jedoch nicht, es entsteht daher beim Steinobst kein Quirlholz. Nur Zwetschen und ihre Verwandten erzeugen verzweigte Fruchtspieße, die an das Quirlholz erinnern (s. Abb. rechts).

Bei manchen Gehölzen enden die Kurztriebe in einem Dorn, wenngleich sie an ihren unteren Teilen Blätter und Blüten bilden können. Diese starken und langlebigen Dornen kennen wir vom Feuerdorn, Sanddorn, Weißdorn, Schlehdorn, Kreuzdorn u. a. (s. Abb. Seite 13 unten).

Knospenformen

So wie wir verschiedene Arten von Trieben unterscheiden, gibt es bei den Gehölzen auch verschiedene Arten von Knospen. Knospen enthalten die winzig kleinen Anlagen der Triebe, Blätter oder Blüten. Wenn wir eine Knospe der Länge nach durchschneiden, kön-

Knospenbildung an Langtrieben und Bukettzweigen bei Süßkirsche.

Buketttriebe bei der Kirsche.

nen wir unter der Lupe diese Sprossanlagen als winzige Höcker und Zipfel deutlich sehen.

Terminal- oder Gipfelknospe. Sie ist die wichtigste Knospe, zumeist eine Triebknospe und dient dazu, die Achsenverlängerung zu bilden, d. h. das Astgerüst weiter aufzubauen. Beim Kernobst und allen Kernobst-Verwandten (*Pomoideen*) wie Weißdorn, Eberesche, Mispel usw. kann die Terminalknospe auch eine Blütenknospe sein. Auch andere Gehölze entwickeln ihre Blüten aus Terminalknospen, z. B. Schneeball, Flieder, Kastanien und manche Fichten. Bei den meisten Fliederarten verkümmert die Gipfelknospe und das oberste Knospenpaar bildet die Terminalen.

Blatt- oder Triebknospen stehen außer an der Spitze auch seitlich am Trieb und zwar in jeder Blattachsel. Wenn im Herbst die Blätter fallen, bleiben die Blattnarben zurück, darüber sitzen die Knospen. Triebknospen, die nicht austreiben, bleiben beim Kernobst und vielen anderen Gehölzen als »schlafende Augen« jahrelang erhalten. Schlafende Knospen sind winzig klein und sitzen in den Achseln der kleinen Basisblättchen und Knospenschuppen, die auch verkümmerte Laubblätter sind. Die schlafenden Augen treiben aus, wenn der Trieb oder Ast durch Bruch oder Schnitt verlorengeht, z. B. bei der Verjüngung.

Nebenknospen oder »Beiaugen« sitzen beim Kernobst und anderen Gehölzen links und rechts der Triebknospen. Nebenknospen treiben aus, wenn die Hauptknospe verlorengeht, wie es beispielsweise bei Weinreben nach Frühjahrsfrost regelmäßig der Fall ist.

Formlose Spalierbäume verleihen der Hausfront einen besonderen Reiz.

Die Beiaugen können aber auch als Blütenknospen angelegt sein und treiben dann vor oder zugleich mit den Hauptknospen aus (Pfirsich, Aprikose, Zwetsche).

Blütenknospen entwickeln sich schon im Laufe des Sommers und sitzen seitlich an den Langtrieben, an Kurztrieben und Bukettzweigen, beim Kernobst und anderen Gehölzen auch an der Triebspitze.

Adventivknospen. Diese Knospen bilden sich erst, wenn ein sehr großer Wundreiz vorliegt, so etwa beim Verjüngen von Stämmen und Ästen, ohne die Möglichkeit, auf Seitenzweige abzuleiten. Aus dem Kambium der Schnittstelle entwickeln sich dann oft völlig neue Triebknospen, die sogleich austreiben. Die meisten Koniferen sind nicht in der Lage, solche Adventivknospen zu bilden, wohl aber z. B. die Eiben.

Knospenschuppen bedecken die Knospen und stellen im Wesentlichen einen Winterschutz dar. Knospenschuppen sind verkümmerte Blättchen, die gewöhnlich dachziegelartig übereinander stehen (Obstbäume, Buchen, Eichen). Manchmal bestehen sie aus wenigen, starken Knospenhüllen wie bei Esche und Walnuss. Die Knospenschuppen können klebrig sein (Rosskastanie, Pappeln). Es kommen aber auch nackte Knospen vor. Die Triebanlagen sind dann so frosthart, dass sie auch ohne Knospenschuppen überwintern können, wie beispielsweise bei den Geißblattgewächsen. Bei vielen Schneeballarten überwintern sogar die endständigen Blütenanlagen nackt.

Knospenstellung. Die Knospen stehen außer an der Triebspitze am Trieb in zwei Zeilen (Steinmispeln und Ulmen) oder spiralig wie bei den allermeisten Gehölzen, wie auch bei allen Obstgehölzen. Bei der spiraligen Knospenstellung steht zumeist die 6. Knospe wieder über der untersten. Kreuzweise gegenständig sind die Knospen z. B. bei Flieder, Esche, Holunder, Geißblatt, Schneeball. Zudem können die Knospen auch quirlständig angeordnet sein wie bei Trompetenbaum, Trompetenstrauch, Rhododendron, Azaleen und vor allem bei Nadelgehölzen (Kiefer, Fichte, Tanne).

Verzweigung. Die Knospenstellung bedingt natürlich die charakteristische Verzweigungsform der Gehölze, deren Kenntnis für unsere Schnittarbeiten wichtig ist.

Pflanzenphysiologische Grundlagen

Wachstumsstadien

Im Lebensablauf aller Gehölze folgen Jugendstadium, Ertragsstadium und Altersstadium aufeinander.

Das **Jugendstadium** ist gekennzeichnet durch starken Trieb, um die künftige Krone aufzubauen. Obwohl viele Gehölze auch in dieser Phase bereits Blüten ansetzen, ist das Jugendstadium allgemein an der »Ertraglosigkeit« zu erkennen.

Im **Ertragsstadium** (ein Ausdruck, der für den Obstbau geprägt wurde) kommt die Pflanze in das physiologische Gleichgewicht. Es entsteht ein ausgeglichenes Verhältnis zwischen Trieb- und Blütenbildung. Dies ist die Phase des besten Fruchtertrages.

Das **Altersstadium** fällt auf durch nachlassenden Triebzuwachs bei vermehrter Blütenbildung. Durch den überreichen Fruchtertrag erschöpft sich das Gehölz aber, sodass es aufgrund der fehlenden »Blattfabriken« an entsprechenden Langtrieben im Ertragsjahr keine oder nur wenige Blütenknospen für das nächste Jahr anlegen kann. Deshalb wechselt ein Ertragsjahr mit einem ertraglosen Jahr. Diese »Alternanz«, die besonders vom Kernobst bekannt ist, ist jedoch auch eine Sorteneigenschaft und muss dann durch entsprechende Schnitt- und Fruchtausdünnungsmaßnahmen gebrochen werden (z. B. beim 'Boskoop'). In der Natur sind die Wuchsstadien am besten zu beobachten: Der starke, aufstrebende Wuchs in der Jugendphase und der eher ausgeglichene Wuchs bei guter Fruchtbarkeit in der Ertragsphase, wobei die oft langen und dünnen Äste durch die Fruchtlast bald abkippen. Daraus resultiert die häufig früh einsetzende Vergreisung bei nachlassendem Wuchs, wobei sich bald alle Äste durch die Fruchtlast absenken (Bogenbildung) und sogenannte »Reiter« oder »Ständer« die Funktion neuer Leit- und Fruchtäste übernehmen. Ohne Auslichtung und Verjüngung der Bäume entsteht auf diese Weise bald ein dichtes Gewirr junger, alter und abgestorbener Zweige und Äste, wie wir es von alten Mostbirnenbäumen gut kennen. Diese Altersphase kann viele Jahrzehnte lang andauern (s. Abb. Seite 19).

Tropismen

Als Tropismus bezeichnet man die physikalisch bedingte Wuchsrichtung der Gehölzorgane. So wie wir unterliegen auch die Pflanzen den Einflüssen des Lichtes und der Schwerkraft. Das Wachsen der Triebe zum Licht, also nach oben, bezeichnet man als positiven Phototropismus. Das Wachstum der Wurzeln in Richtung Erdmittelpunkt, also der Schwerkraft nach, wird

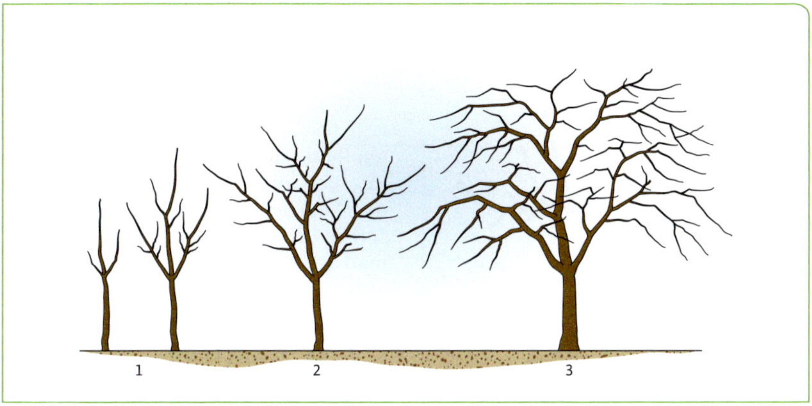

Natürliche Kronenbildung in Abhängigkeit vom Altersstadium.
1 = Jugendstadium, 2 = Zunehmendes Ertragsstadium, 3 = Altersstadium.

als positiver Geotropismus bezeichnet. Ebenso könnte man sagen, die Triebe sind negativ geotrop, die Wurzeln negativ phototrop. Diese Wachstumsreize werden durch Wuchs- und Hemmstoffe gesteuert. So entsteht die nach allen Richtungen zum Licht wachsende Gehölzkrone und die nach allen Richtungen in die Erde wachsende Wurzelkrone.

Triebförderung

Je nach Pflanzenart beobachten wir eine natürliche Verjüngung des Astgerüstes durch Austriebe in verschiedenen Zonen des Gehölzes. Unsere Obstbäume und die meisten baumförmigen Gehölze unterliegen im Allgemeinen der Spitzenförderung, d. h., an den stärksten und am steilsten stehenden Ästen entstehen die stärksten Neuzuwächse. Besonders ausgeprägt ist diese Spitzenförderung bei den Säulenformen und bei Nadelgehölzen. Mit zunehmendem Lebensalter lässt diese Spitzenförderung nach und macht nicht selten einem deutlichen Wachstum in die Breite Platz, besonders schön zu sehen bei Kiefern und Zedern.

Andere Gehölze, wie der Holunder oder die Kletterrosen, zeigen eine Triebförderung vorwiegend im mittleren Bereich der Stämme, die meisten Sträucher jedoch im basalen Bereich, wie dies schon beim Sprossaufbau beschrieben wurde.

Die Triebförderung ist aber auch abhängig von der Stellung der Äste und Zweige innerhalb der Krone: Senkrecht stehende Zweige treiben am stärksten durch. Waagrecht stehende Zweige bilden zwar einen wesentlich schwächeren Gipfeltrieb, dafür werden mehrere oberseits stehende Knospen austreiben (»Kammbildung«). Zur Un-

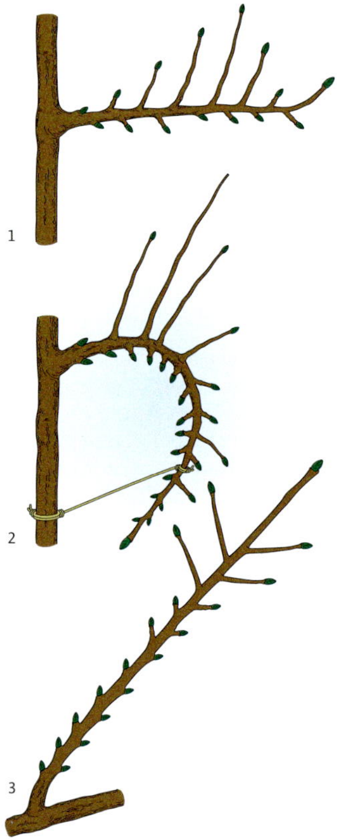

Triebförderung. 1 = waagrecht, Austrieb auf der Oberseite, 2 = tiefgebunden, Austrieb im Scheitel, zur Fruchtholzgewinnung, 3 = schrägstehend, optimaler Austrieb, für Frucht- und Nebenleitäste.

terscheidung von der Spitzenförderung spricht man hier von einer Oberseitenförderung.

An tiefhängenden Zweigen entstehen die stärksten Neutriebe am höchsten Punkt der Biegungsstelle, also aus Knospen, die normalerweise gar keinen Neutrieb oder nur kleine Fruchtspieße bringen würden. Dies nennt man Scheitelpunktförderung. Es liegt also z. B. beim Obstbaum auch in unserer Hand, die Triebkraft zu regulieren (aufbinden, schrägbinden, waagrecht- und tiefbinden, s. Abb. links).

Manche Gehölze zeigen dagegen eine Unterseitenförderung bei der Neutriebbildung. Hier treiben Knospen der Zweigunterseite stark durch und übernehmen die Astverlängerung, während die ursprüngliche Triebspitze zurückbleibt (Walnuss, Rosskastanie, Trompetenbaum).

Längen- und Dickenwachstum

Jedes Gehölz wächst in die Länge und in die Dicke. Während das Längenwachstum von den Gipfelknospen ausgeht und den Kronenaufbau bewerkstelligt, geht das Dickenwachstum vom Kambium aus, einer mikroskopisch dünnen Wachstumszone zwischen Rinde und Holz. Diese, mit freiem Auge nicht sichtbare Zellschicht erzeugt jedes Jahr nach innen hin einen Holzring und nach außen hin eine Bastschicht.

Der Holzring enthält die Leitgefäße, die das Wasser mit den gelösten Nährstoffen von den Wurzeln in die Krone

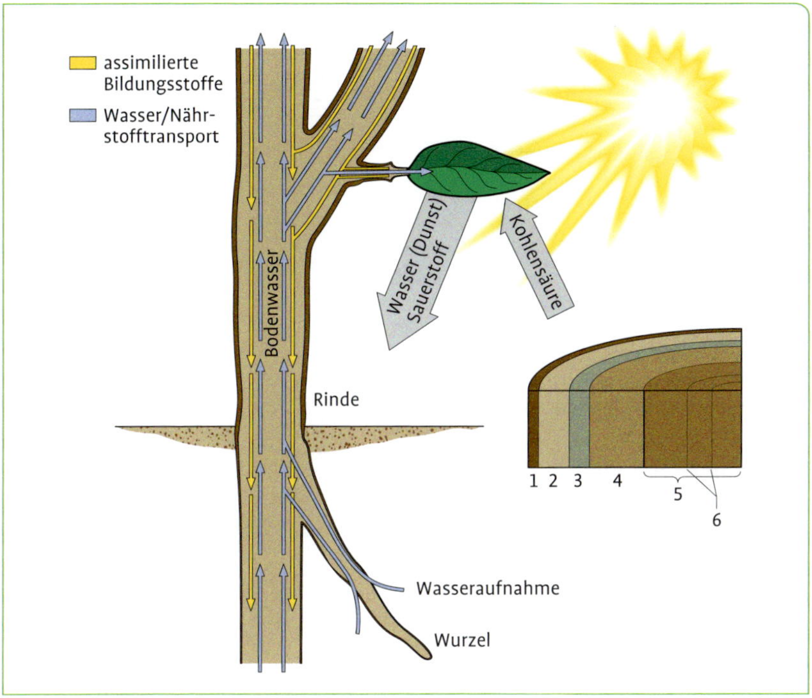

Quer- und Längsschnitt durch einen Stamm. 1 = Rinde, 2 = Bastteil, 3 = Kambium, 4 = Splintholz, 5 = Kernholz, 6 = Jahresringe.

befördern. In der viel dünneren Bastschicht liegen die Siebröhren, in denen die durch die Assimilation der Blätter erzeugten Baustoffe (vorwiegend Zucker) nach unten geleitet werden. Die Baustoffe dienen der Anlage neuer Blatt- und Blütenknospen, der Ernährung des Stammgerüstes und dem Wurzelwachstum (s. Abb. oben).

Diesen Saft- und Nährstofftransport können wir durch kleine Tricks beeinflussen: Mit einem »Fruchtgürtel« oder einer »Ringelung« bremsen wir den abwärts fließenden Zuckerstrom und erzielen durch einen Stau der Assimilate eine verstärkte Bildung von Blütenknospen.

Wollen wir hingegen eine Knospe zum Durchtreiben bringen, erreichen wir dies durch einen kleinen Kerbschnitt bis ins Holz oberhalb dieser Knospe.

Da besonders die Bildung der Leitgefäße im neuen Holzring jahreszeitlich verschieden stark abläuft, also schneller und mit größeren Gefäßen im Frühjahr, langsamer und mit engeren Gefäßen im Sommer und Herbst, kann man am Stammquerschnitt die »Jahresringe« ablesen und so das Alter eines gefällten Baumes bestimmen. An alten Bäumen kann man so auch den Witterungsverlauf vergangener Epochen rekonstruieren: In feuchten Jahren entstanden breitere, in trockenen Jahren engere Jahresringe.

Reaktion auf Schnittmaßnahmen

Sowohl die Stärke und Stellung eines Triebes als auch die Verteilung der Augen am Trieb bestimmen die Schnittreaktion. Gehen wir von einem starken, senkrechten Leittrieb aus.

1. Der Trieb bleibt unbeschnitten: Aus dem obersten Auge entsteht ein starker, senkrechter Neutrieb, die Astverlängerung. Die nächsten 2 bis 4 Augen an der Triebspitze werden ebenfalls Langtriebe bilden, deren Stellung nach unten hin immer flacher wird. Sogar der Konkurrenztrieb kann so günstig stehen, dass er am Mitteltrieb zum weiteren Kronenaufbau verwendet werden kann. Handelt es sich um einen Haupt- oder Nebenleitast, wird dieser Konkurrenztrieb stets zu entfernen sein, wenn er nach oben bzw. nach innen steht. Aus den tieferstehenden Augen werden sich Fruchtruten, darunter Fruchtspieße bilden. Die untersten Augen werden gar nicht austreiben.
2. Der Trieb wird schwach angeschnitten, es wird nur etwa ein Viertel des Triebes entfernt: Austrieb ähnlich, jedoch schwächer als beim unbeschnittenen Trieb. Die obersten 2 oder 3 Langtriebe werden aber steiler stehen, der Nebenleittrieb (Konkurrenztrieb) muss meist entfernt werden.
3. Der Trieb wird stark angeschnitten, also auf die Hälfte oder ein Drittel seiner Länge: Die obersten 4 bis 5 Augen werden stark durchtreiben, weil die Augen der mittleren Triebregion dazu prädestiniert sind. Diese Neutriebe werden steil stehen (»Hirschgeweihe« an verschnittenen Bäumen!). Der Nebenleittrieb muss stets entfernt werden, oft sogar noch der zweite Konkurrenztrieb! Die Bildung von Fruchtruten und Fruchtspießen aus den tieferstehenden Augen ist sehr vermindert.
4. Der Trieb wird sehr stark eingekürzt, etwa auf 3 Augen: Hier wird der Neutrieb nur sehr schwach sein. Die untersten Augen bringen nur bei starkem Saftandrang längere Neutriebe (Verjüngung, s. Abb. Seite 23 unten).

Schwächere oder flacher stehende Triebe werden auf die eben besprochenen Arten des Rückschnittes entsprechend schwächer reagieren, also schwächer durchtreiben. Fruchtzweige in mehrjährigen Kronen bleiben am besten ungeschnitten. Dies ist nicht zu verwechseln mit der Fruchtholzerneuerung, die noch ausführlich besprochen wird. Hier wird der Trieb nicht eingekürzt, sondern bis ins alte Holz zurückgenommen.

Wird ein steilstehender Ast oder Zweig auf einen günstig stehenden

Kirschbäume sind, besonders während der Blütezeit, eine Zierde des Gartens.

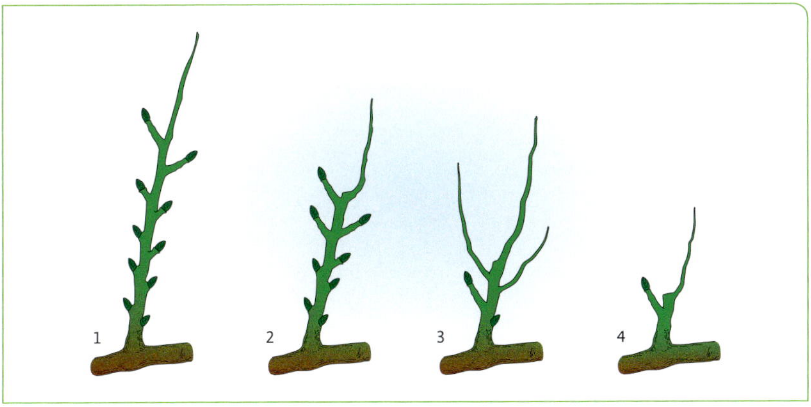

Folgen des Rückschnitts. 1 = Trieb unbeschnitten: Austrieb normal, Fruchtruten, Fruchtspieße. 2 = schwacher Schnitt: Austrieb mäßig, Triebverteilung gut. 3 = starker Schnitt: Holzproduktion, viele Langtriebe, keine Blüten. 4 = extrem kurzer Schnitt zur Schwächung starker Ruten: schwacher Austrieb, Trieb ist gebremst.

Seitenzweig »abgeleitet«, so treibt dieser natürlich durch den nun verstärkten Saftandrang kräftiger durch, als wenn er weiterhin als Seitenzweig am steilen Hauptast stünde. Bei einer Verjüngung auf schwache Seitentriebe werden diese ebenfalls stark durchtreiben, um den fehlenden Ast zu ersetzen. Wird ein Fruchtspieß oder eine Fruchtrute auf diese Weise zum neuen Leitast umfunktioniert, werden die Beiaugen sowie unterhalb der endständigen Blütenknospe stehende Augen stark durchtreiben.

Jeder Neutrieb ist aber auch abhängig vom Lebensalter des Baumes, von der Veredlungsunterlage sowie vom Ernährungszustand des Gehölzes. Verhungerte Bäume oder Sträucher wird man auch bei starken Schnitteingriffen nicht in Trieb bringen können. Stark wachsende Pflanzen hingegen werden vorsichtig zu schneiden sein, um sie durch Nichtschneiden oder »Laufenlassen«, bzw. durch schwachen Anschnitt eher zur Blütenbildung zu veranlassen statt zu weiterem Größenwachstum. Dabei spielt auch der Zeitpunkt des Schnittes eine Rolle, wie noch später besprochen wird.

Durch entsprechendes Einfühlungsvermögen wird man bei jedem auszuführenden Schnitt die Folgen dieses Eingriffes vorausberechnen können und die Schnittmaßnahmen entsprechend steuern können.

Winterschnitt in einer Obstanlage an Apfelbäumen.

Unterschiede beim Schnitt von Obst- und Ziergehölzen

Während wir bei den Obstgehölzen einen baldigen und viele Jahre lang anhaltenden Ertrag an hochwertigen Früchten wünschen, wollen wir bei den Ziergehölzen einen raschen, natürlichen Kronenaufbau oder auch reichen Blütenschmuck erzielen. Die Obstgehölze sollen bald ins »physiologische Gleichgewicht« kommen, also in ein ausgewogenes Verhältnis von Triebkraft und gleichmäßiger Fruchtbarkeit. Dabei sollen die Kronen nicht zu groß werden, weil sonst alle Arbeiten, besonders aber die Ernte, erschwert werden. Parkbäume hingegen dürfen ungehindert wachsen, Sträucher sollen möglichst reich blühen bzw. bald ihren Zweck als Deck- oder Grenzpflanzen, zur Böschungsbefestigung usw. erfüllen. Wir lassen sie daher alle weitgehend unbeschnitten, soweit nicht besondere Gegebenheiten einen Schnitt erfordern. Bei den Obstgehölzen aber helfen uns entsprechende Schnittmaßnahmen, sie möglichst lange in einer ausgeglichenen Ertragsphase zu erhalten.

Systeme der Kronenerziehung

Es gab schon immer die verschiedensten Ansichten über die Erziehung von Obstbaumkronen. Sei es die klassische Öschbergkrone an Halb- und Hochstämmen von Altmeister Spreng oder die aufwendige Formierung von Zwergbäumen nach den Ideen Gauchers. Beides kann heute als überholt gelten, wenn auch Mostobstbäume durchaus mit Erfolg nach der Öschberg-Methode erzogen werden können. Wenn wir alle extremen Ansichten über den Kronenaufbau beiseite lassen, bleiben folgende Grundsysteme: Pyramidenkrone, Hohlkrone, Längskrone, Spindelbusch, Schlanke Spindel.

Unterlagen für das Kernobst

Die Erzeugung der verschiedenen Kronenformen ist nur dann möglich, wenn die Bäume auf der richtigen Unterlage stehen. Besonders beim Apfel gibt es eine Reihe verschieden stark wachsender Veredlungsunterlagen, die vorwiegend aus der englischen Versuchssta-

Unterlagen für den Apfel		
Sämling A2 M 16, M 13, M 11 MM 109, MM 111	stark wachsend	Für Nieder-, Halb- und Hochstämme mit Pyramiden und Hohlkronen
M 1, M 4, M 7 M 2, MM 106	mittelstark wachsend	Für Niederstämme mit Pyramiden-, Hohl- oder Längskronen
M 26 M 9	schwach wachsend	Für kleine Baumformen am Pfahl oder in der Hecke, Spindelbusch, Schlanke Spindel
M 27	ganz schwach wachsend	Für Topfobst, eventuell für Schlanke Spindel

Unterlagen für die Birne		
Sämling	stark wachsend	Wie oben, auch für Wandspaliere
Pyrus betulifolia	mittelstark wachsend	Für Längskronen in der Hecke
'Provence Quitte' 'Quitte aus Angers'	schwach wachsend	Für Hecke, Spindelbusch, Schlanke Spindel

tion East Malling stammen. Ihrer Wuchsstärke nach sind die Unterlagen von stark nach schwach wachsend wie in der untenstehenden Tabelle aufzuzählen.

Die Reihung der Unterlagen ist hier vereinfacht wiedergegeben. Zudem hängt die Wuchsstärke eines Baumes auch sehr von der Wüchsigkeit der Edelsorte ab. So veredelt man starkwüchsige Sorten eher auf schwachwüchsige Unterlagen und umgekehrt.

Pyramidenkrone

Dies ist die gebräuchlichste Form der Rundkrone, wobei das Gerüst aus Mitteltrieb und 3 bis 4 Hauptleitästen eine »Pyramide« bildet. Diese Kronenform ist die natürlichste und stabilste. Sie wird für Halb- und Hochstämme, aber auch für Niederstämme verwendet. Auch die Öschbergkrone ist eine Pyramidenkrone, die jedoch weitgehend ohne Rückschnitt erzogen wird (s. Abb. oben).

Bei der Pflanzung des 2- oder 3-jährigen Bäumchens wählen wir 3, höchstens jedoch 4 günstig verteilt stehende Seitenäste als die künftigen Hauptleittriebe aus. Der Konkurrenztrieb (Nebenleittrieb) wird immer entfernt, weil er zu steil neben dem Mitteltrieb steht und einen zweiten Stamm bilden würde. Weitere Triebe, wenn vorhanden, werden am besten waagrecht oder tief gebunden.

Der Mitteltrieb wird nun um ein Drittel bis maximal zur Hälfte eingekürzt. Die Leitäste werden in gleicher Asthöhe, aber tiefer als der Mitteltrieb,

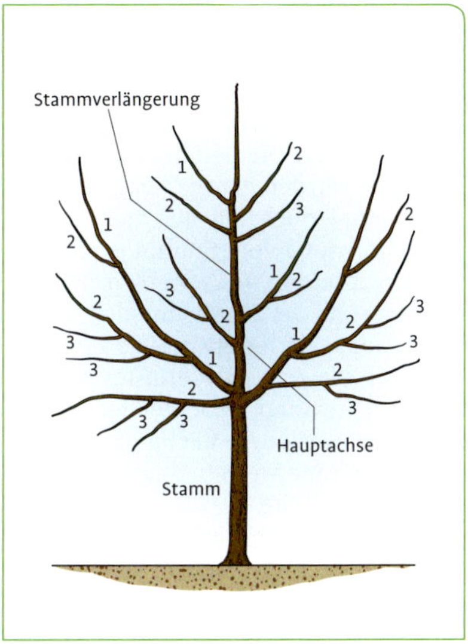

Schematische Ansicht einer Pyramidenkrone. 1 = Hauptleitast, 2 = Nebenleitast oder Fruchtast, 3 = Fruchtzweig, Fruchtholz.

immer auf ein Auge nach außen angeschnitten.

In den folgenden Jahren ist streng darauf zu achten, dass die festgelegte Kronenform erhalten bleibt. Am Mitteltrieb darf sich kein weiterer Hauptleitast mehr entwickeln, daher bleiben die nächstjährigen Austriebe am Mittelstamm ungeschnitten und werden bei zu steiler Stellung niedergebunden. Der Konkurrenztrieb wird immer entfernt. Die Seitentriebe setzen durch das Nicht-Schneiden und Niederbinden bald Blütenknospen an, d. h. sie werden in Fruchtäste umgewandelt. Durch die Fruchtlast senken sich diese Äste später von selbst. In der Folge wird immer wieder das abgetragene

Fruchtholz entfernt, neue Triebe ersetzen es (s. Seite 48, 49). Der Mitteltrieb und die Hauptleitäste werden in den ersten 4 bis 5 Jahren etwa um ein Drittel eingekürzt. Die Seitentriebe an den Leitästen werden erzogen wie oben beschrieben, jedoch soll sich hier, in etwa 1 m Entfernung vom Stamm je ein Nebenleitast bilden. Dieser entspringt möglichst an der Unterseite der Astverlängerung. Wieder etwa 1 bis 1,5 m oberhalb dieses Nebenleitastes kann später ein zweiter Nebenleitast angeschnitten werden, je nachdem, wie hoch die Krone werden darf (s. Abb. rechts, Abb. Seite 29).

Alle weiteren Nebentriebe werden stets zu Fruchtholz umgewandelt, was am besten durch Nicht-Schneiden erreicht wird. In den ersten Jahren hilft man auch durch Niederbinden nach, später ist dies nicht mehr nötig. Alle zu starken Nebentriebe, z. B. Konkurrenztriebe, werden stets entfernt. Auch lichtet man die Nebentriebe aus, dass sie locker stehen, wobei immer die am steilsten stehenden weggeschnitten werden. Ab dem 5. / 6. Jahr kann bereits mit dem Ableiten begonnen werden. Fruchtholzerneuerung und Auslichten wurde schon auf den Seiten 49 und 50 beschrieben.

Bei schwach wachsenden Bäumen kommt es vor, dass auch Leittriebe an ihrer Spitze eine Blütenknospe tragen; diese ist natürlich zu entfernen, auf die nächste, tieferstehende Knospe nach außen. Ist die Kronenerziehung nach 5 bis 6 Jahren abgeschlossen, braucht man sich um solche Dinge nicht mehr zu kümmern.

Anfangs erscheint der ganze Aufbauschnitt einer Krone für den Laien

Erziehung von Rundkronen.
Pyramidenkrone: Der Konkurrenztrieb (2) wird entfernt, zu steil stehende Triebe (3) abgespreizt. An schwachen Bäumen schneidet man die beiden untersten Triebe (4) weg.
Hohlkrone: Stammverlängerung (1) wird entfernt, die 3 besten Triebe (2, 3) bilden das Kronengerüst. Sie werden in gleicher Höhe angeschnitten und bei Bedarf abgespreizt.

sicherlich kompliziert. Bei einiger Einfühlungsgabe in das Wachstum der Zweige und in die Reaktion auf den Schnitt wird diese Arbeit aber bald zur interessanten Aufgabe und bereitet keinerlei Schwierigkeiten mehr.

Hohlkrone

Diese Erziehungsform stellt nichts anderes dar, als eine Pyramidenkrone ohne Mittelstamm. Dabei kann die junge Baumkrone gleich ohne Mitteltrieb erzogen werden oder man schneidet diesen erst nach mehreren Jahren aus der Krone heraus. So nutzt man anfänglich den Standraum besser aus und erzielt auch eine bessere Verankerung der Leitäste am Stammgerüst.

Erziehung des Jungbaumes

Man wählt beim Jungbaum 3 bis höchstens 4 etwa gleichstarke Triebe aus, die in einem günstigen Winkel zueinander stehen. Diese schneidet man in gleicher Höhe auf ein Auge nach außen an. Mitteltrieb und Konkurrenztrieb werden entfernt. Sind nur 2 gute Triebe vorhanden, zieht man im nächsten Jahr aus den neuen Austrieben einen 3. Leittrieb heran. Alle anderen Triebe bindet man waagrecht oder tief. Stehen die jungen Leittriebe ungünstig

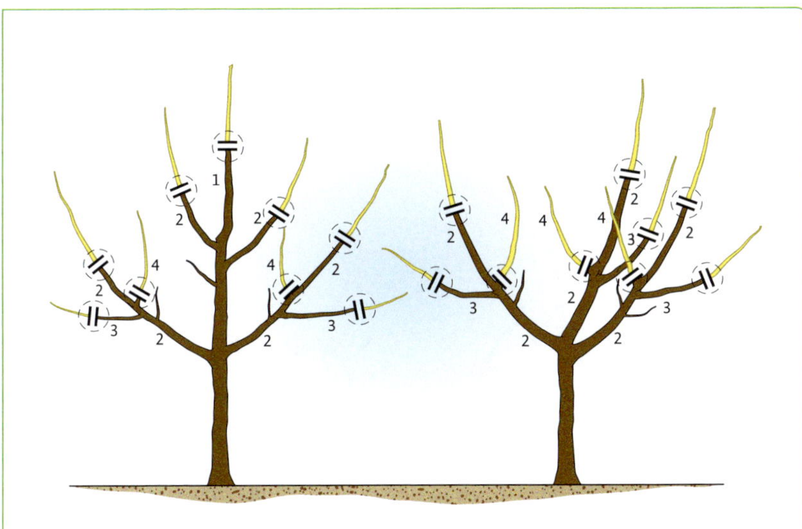

Erziehung von Rundkronen, 2. Standjahr. Links: Pyramidenkrone. Rechts: Hohlkrone. 1 = Stammverlängerung, 2 = Leitast, 3 = Nebenleitast, 4 = Konkurrenztrieb der entfernt oder durch Tiefbinden in Fruchtast umgewandelt werden kann. Waren beim Jungbaum nur 2 brauchbare Leitäste vorhanden, erzieht man den 3. und 4. Leitast aus dem nächstjährigen Austrieb.

zueinander oder steil, hilft man sich mit Spreizen, Binden oder Stäben. Der weitere Aufbau der Hohlkrone geschieht wie bei den Leitästen der Pyramidenkrone (s. Abb. Seite 28, Abb. oben).

Eine andere Möglichkeit der Hohlkronenerziehung bei starkwüchsigen Apfel- oder Zwetschenbäumen wurde vor etwa 30 Jahren propagiert: Man schneidet die Leittriebe nicht an, sondern bindet sie mit Schnüren bogenförmig zum Stamm hinunter. Aus den Scheitelpunkten dieser Bögen sprießen starke Triebe, von denen man im 2. Winter die am günstigsten stehenden als Leitäste anschneidet. Je nach Wuchsstärke werden sie etwa um ein Drittel eingekürzt. Konkurrierende Austriebe werden entfernt, die anderen wieder tief gebunden. Die tiefgebundenen Triebe setzen meist noch im gleichen Jahr Blütenknospen an und kommen so früher in Ertrag. Diese Erziehungsart ist sicher nicht jedermanns Sache, sie wurde jedoch in der Steiermark viel und mit Erfolg praktiziert (s. Abb. unten).

Auch bei der Hohlkrone zieht man in den nächsten Jahren in etwa 1 m Entfernung vom Stamm an jedem Hauptast einen Nebenleitast heran. Alle übrigen und später wachsenden Seitentriebe werden zu Fruchtästen umgewandelt, wie bei der Pyramidenkrone beschrieben. Anstelle des Nebenleitastes kann man die Hauptäste auch in etwa 1 m Entfernung vom Stamm vergabeln lassen, sodass der Baum dann 6 Hauptleitäste besitzt.

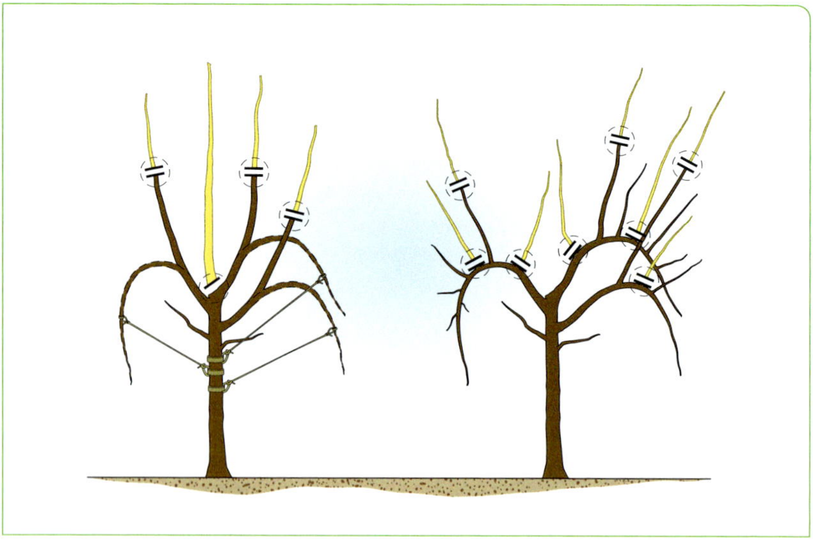

Erziehung starktriebiger Bäume zu Hohlkronen.

Diese Kronenform nennt man auch »Trichterkrone«. Sie hat sich aber nur beim Pfirsich bewährt, da hier ein andauernder, strenger Fruchtholzschnitt für lichte Kronen sorgt.

Bei starkem Fruchtbehang können an Hohlkronen Leitäste ausbrechen. Dies verhindert man am besten durch gegenseitiges Verspannen der Leitäste mit starkem Draht oder Drahtseilen. Die Rinde schützt man dabei durch alte Schlauchstücke, durch die der Draht um die Äste gezogen wird. Auch die Hohlkrone wird in den weiteren Jahren laufend ausgelichtet, wobei vor allem nach innen wachsende Triebe zu entfernen sind. Zu steile Leitäste oder solche, die ihre endgültige Höhe erreicht haben, leitet man auf schwächere, nach außen weisende Seitenzweige ab (s. Abb. rechts).

Vorbildlich erzogene und geschnittene Hohlkrone einer Sauerkirsche.

Nachträgliche Umstellung einer Pyramidenkrone

Stehen die Leitäste einer Pyramidenkrone zu steil, sodass der Mittelstamm mit seinen Fruchtästen die Leitäste zu sehr beschattet und bedrängt, kann der gesamte Mittelstamm an der Verzweigungsstelle der Leitäste herausgesägt werden. Die Kronen werden dadurch sehr viel lichter und leichter zugänglich. Überhaupt ist die Hohlkrone eine praktische Erziehungsform, weil an ihr alle Arbeiten leichter durchgeführt werden können und die Früchte viel besser besonnt werden.

Bei der nachträglichen Umstellung auf Hohlkrone sind die Leitäste weniger bruchgefährdet als bei einer erzogenen Hohlkrone, weil die Verankerung am Mittelstamm besser ist. Natürlich könnte der Mittelstamm auch höher oben weggeschnitten werden, indem man ihn auf einen Fruchtast ableitet. Man erhält auf diese Weise ein Mittelding zwischen Hohl- und Pyramidenkrone.

Längskrone

Unter den Begriff »Längskrone« fallen alle Kronenformen in der Heckenerziehung. Die wichtigsten sind Palmette oder Dreiasthecke, Ypsilon-Hecke, die formlose, schräge Hecke (nach Duhan) und schließlich das formlose Wandspalier. Die früher üblichen Kunstformen der verschiedenen Palmetten können wir uns hier ersparen, ebenso die waagrechten Schnurbäume.

Der Reihenabstand sowie der Pflanzabstand in der Reihe richten sich nach der verwendeten Unterlage und der Wuchsstärke der Edelsorte. Die Maße schwanken von 2,5 × 3 m bis 4 × 5 m.

Palmette oder Dreiasthecke

Diese Heckenform am Drahtspalier ist bis heute in vielen Obstbauländern gebräuchlich. Auch ohne Draht, nur mit Pfählen und Leitstäben wurden solche Hecken erzogen, wobei man die sich überkreuzenden Leitäste benachbarter Bäume miteinander verwachsen ließ und sich so die Bäume gegenseitig Halt gaben.

Umstellung von Pyramidenkrone auf Hohlkrone bei einer Zwetsche: Der Mitteltrieb wurde entfernt.

Die Erziehung der Dreiasthecke ist denkbar einfach: Neben einem Mittel-Leittrieb werden 2 Hauptleittriebe in einem Winkel von mindestens 45° zur Mittelachse angeschnitten. Hierbei kann der Schnitt schwächer ausgeführt werden als bei freistehenden Rundkronen, weil die Zweige gleich an das Drahtgerüst angeheftet werden. Die Stammhöhe belässt man bei etwa 60 cm, um unter den Kronen später noch eine Bodenbearbeitung durchführen zu können.

Der unterste Spanndraht hat demnach eine Höhe von 60 cm. An ihn wird das Stämmchen angeheftet und mittels Schnüren auch die beiden Leittriebe. Diese kürzt man je nach Wuchsstärke um ein Viertel bis ein Drittel ein, schwache Triebe gar nicht. Zu flach stehende Leittriebe muss man sogar aufbinden. Spitzenständige Blütenknospen werden entfernt. Im 2. Jahr belässt man den Leittrieben eine entsprechende Verlängerung, alle übrigen Triebe werden niedergebunden. Fruchtruten, die mit einer Blütenknospe enden, lässt man in Ruhe.

Der Mitteltrieb wird, im Gegensatz zur Pyramidenkrone, in gleicher Höhe wie die Leitäste angeschnitten, bei starken Wachsern, z. B. bei Birnen, sogar etwas tiefer. Der Konkurrenztrieb kommt weg. Auch in den nächsten Jahren darf der Mitteltrieb nie höher werden als die Leittriebe. Alle seitlichen Austriebe am Mittelstamm werden niedergebunden, die zu starken entfernt. Es werden keine weiteren Leitäste geduldet, nur Fruchtäste (s. Abb. links).

Jede Hecke erfordert in den ersten 3 bis 4 Jahren viel Bindearbeit. Später

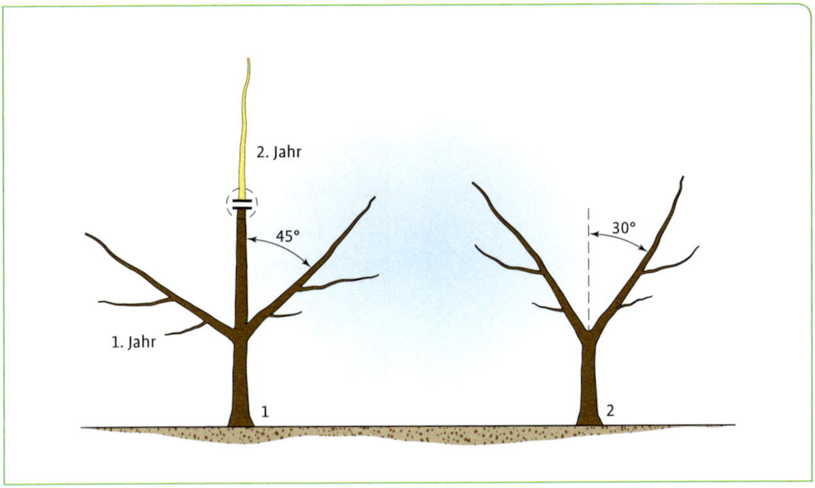

Erziehung von Längskronen. 1 = Palmette oder Dreiasthecke, 2 = Ypsilon-Hecke. Die beiden Leitäste sollen bei der Ypsilon-Krone steiler stehen als bei der Palmette.

behilft man sich, indem man alle steilen Triebe wegschneidet und die flacher stehenden belässt. Diese setzen dann von selbst Blütenknospen an. Dazu noch ein Wort zum Binden (s. auch Seite 19): Jedes Binden bedeutet eine Triebhemmung. Am geringsten ist diese beim Schrägbinden. Der Trieb wird ähnlich durchtreiben wie ein senkrechter, aber schwächer. Waagrechtbinden hemmt den Trieb stark, die Spitze treibt schwach aus, dafür viele oberseitige Augen. Beim Tiefbinden kommen die stärksten Triebe aus dem Scheitelpunkt, im Übrigen entstehen vorwiegend Fruchtspieße. Tiefgebundene Triebe kommen daher am raschesten zum Blühen. Durch die Verwendung von schwachwüchsigen Unterlagen und durch die Bindemöglichkeit am Drahtgerüst kommen Hecken früher in Ertrag als freistehende Kronen. Vorsicht vor Überbauung! Oberstes Leitmotiv jeder Heckenerziehung muss sein: an der Basis immer breiter als an der Spitze! Eine junge Hecke bildet demnach im Querschnitt ein Dreieck, später, wenn die gewünschte Höhe erreicht ist, ein Trapez. Bei starkwüchsigen Sorten oder bei zu starker Unterlage ist es oft schwer, die Höhe der Hecke auf 2,5 oder 3 m zu begrenzen. Immer wieder treiben oben starke Triebe durch und bilden oft einen Wald von »Reitern«. Diese zurückzuschneiden wäre grundverkehrt! Hier hilft nur ein radikales Zurücksetzen auf tiefer stehende, schwache Zweige. Dadurch kommt der Saftdruck auch den unteren Kronenpartien zugute und die unteren Zweige treiben gut durch. Nichts wäre gefähr-

Starker und steiler Durchtrieb des Gipfeltriebes einer Mirabelle.

Eine Hecke aus Ballerinas eignet sich auch für kleine Flächen und sieht zudem sehr schön aus.

licher als eine Überbauung und unten eine Verkahlung der Krone! Auch hier ist laufende Beobachtung der beste Lehrmeister (s. Abb. oben links).

Die Obsthecke bietet dem Kleingärtner die Möglichkeit, mehrere Obstsorten auf kleinem Raum anzubauen. Er kann zudem alle Arbeiten einschließlich der Ernte vom Boden aus durchführen. Die Erziehung einer Dreiast- oder Y-Hecke zu erlernen, ist keine Hexerei und lohnt sich bestimmt.

Ypsilon-Hecke

Eine Dreiast-Krone ohne Mitteltrieb ergibt die Y-Krone. Sie ist die Längsform der Hohlkrone. Wie bei dieser, kann auch hier der Jungbaum gleich mit nur 2 schräggestellten Leitästen erzogen werden. Oder man baut zuerst eine Dreiasthecke auf und sägt den Mittelstamm erst später heraus, wenn er zu viel Schatten wirft. Bei Erziehung von nur 2 Leitästen ohne Mitteltrieb dürfen diese nicht zu flach stehen, sonst treiben immer wieder massenhaft »Wasserschosse« ins Kroneninnere. Ein Winkel von 45° zur gedachten Mittelachse ist hier das Maximum! Pflanzschnitt und Kronenerziehung werden wie bei der Dreiasthecke durchgeführt (s. Abb. oben rechts).

Bei starkwüchsigen Jungbäumen, die zu Y-Kronen formiert werden sollen, können die beiden Leittriebe ebenfalls (wie bei der Hohlkrone beschrieben) ohne Anschnitt bogenförmig abwärtsgebunden werden. Dies kann schon im 1. oder auch erst im 2. Jahr geschehen. Aus den beiden stärksten Scheiteltrieben baut man die Krone weiter auf. So erzielt man rasch Fruchtholz.

Formlose, schräge Hecke

Prof. Dr. Duhan, Wien, propagiert seit vielen Jahren diese Form der Heckenerziehung und, wie man mittlerweile aus Erfahrung weiß, mit bestem Erfolg. Es ist die einfachste und arbeitssparendste Form der Heckenerziehung bei sehr früh einsetzender Fruchtbarkeit. Duhan setzt sogar Zeitpunkt und Höhe der Anfangserträge einer Pflanzung von Schlanken Spindeln gleich und das bei der Hälfte an benötigten Bäumen.

Für Apfelbäume wählt man eine mittelstark wachsende Unterlage, für Birnen die von Duhan erfolgreich erprobte *Pyrus betulifolia*, auf schlechten Böden auch den Sämling. Als Pflanzabstand gelten 4 × 4 m. Nach Erstellung eines 2 m hohen Drahtgerüstes mit 3 Drähten, deren unterster in 60 cm Höhe gespannt wird, pflanzt man die Bäumchen und bindet sie an einen Pfahl. Geschnitten wird nicht. In 60 cm Höhe wird der Mitteltrieb schräg gestellt, anfänglich auf 45°. Alle Austriebe werden nun schon im Jahr ihrer Entstehung ebenfalls schräg formiert. In den ersten 4 Jahren wird überhaupt nicht geschnitten, es werden höchstens zu ungünstig stehende Triebe ganz entfernt. Durch Schrägbinden aller verfügbaren Langtriebe wird der Standraum gleichmäßig ausgefüllt. Das Schrägbinden bewirkt eine Wuchshemmung, deren Folge rascher Blütenknospenansatz ist. Die Wuchshöhe der Hecke wird auf 2 m begrenzt.

Nach etwa 4 bis 5 Jahren wird mit dem Auslichten und Absetzen auf jüngere Fruchtäste begonnen. Junge Triebe werden in die Lücken hineinformiert. Bereits im 4. Jahr bindet man den schrägen »Hauptstamm« flacher, um die anfänglich erwünschte Spitzenförderung zu bremsen. In der Folge werden auch die Fruchtäste auf etwa 30° gebunden. Wichtig ist, kein Dickicht aufkommen zu lassen. Parallel laufende Triebe lichtet man aus (s. Abb. Seite 36, 37).

Die formlose, schräge Hecke ist leicht zu erziehen und erfordert in den ersten 4 Jahren keinen Schnitt, allerdings viel Bindearbeit.

Formloses Spalier (Wandspalier)

An Haus- und Scheunenwänden waren Spalierbäume schon immer beliebt. Die hierfür verwendeten Erziehungsformen wie die senkrechten Kordons, die U-Formen und verschiedenen Verrier-Palmetten erforderten einen ungeheuren Schnittaufwand. Heute erzielt man die Fruchtbarkeit am viel natürlicheren, langen Fruchtholz. Daher erscheint das formlose Spalier oder Fächerspalier zur Bekleidung von Wänden am besten geeignet (s. Abb. Seite 16).

Man kann die Bäume mit durchgehendem Mittelstamm erziehen, oder, was günstiger erscheint, ohne einen Mittelstamm etwa nach Art der form-

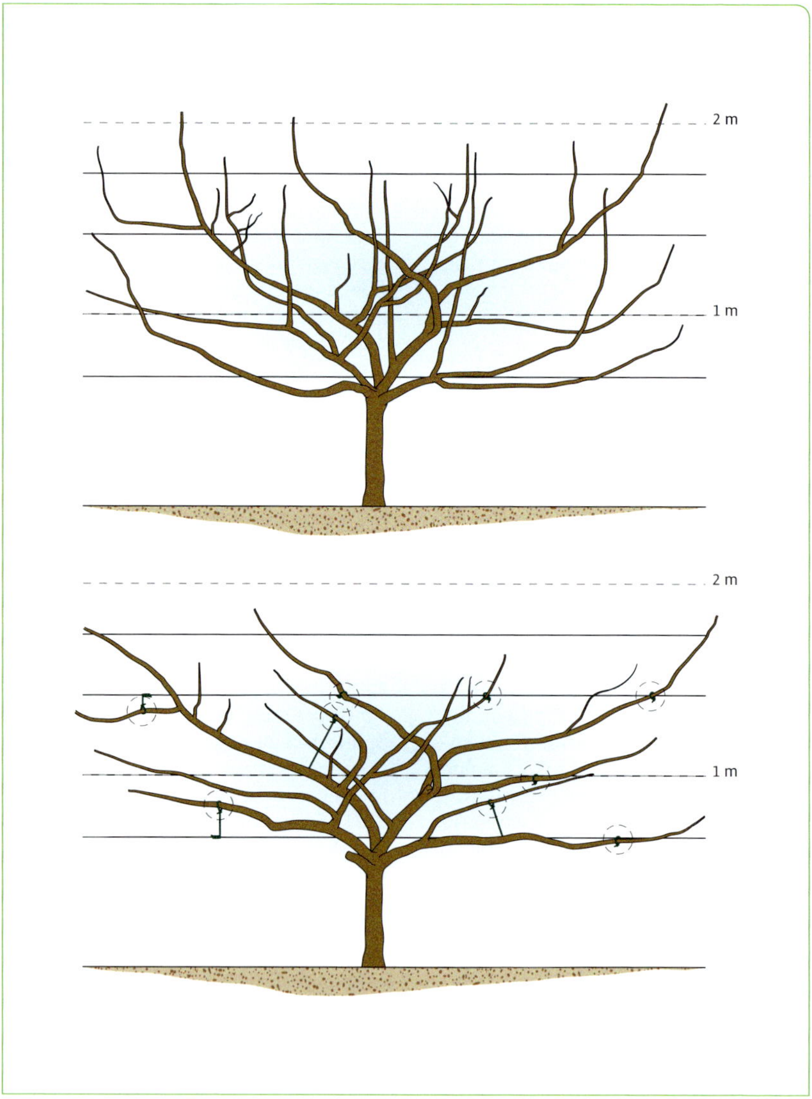

*Oben: Formlose schräge Hecke, Birne auf Quitte, 6-jährig, vor Schnitt und Formierung.
Unten: Die gleiche Hecke nach dem Schnitt.*

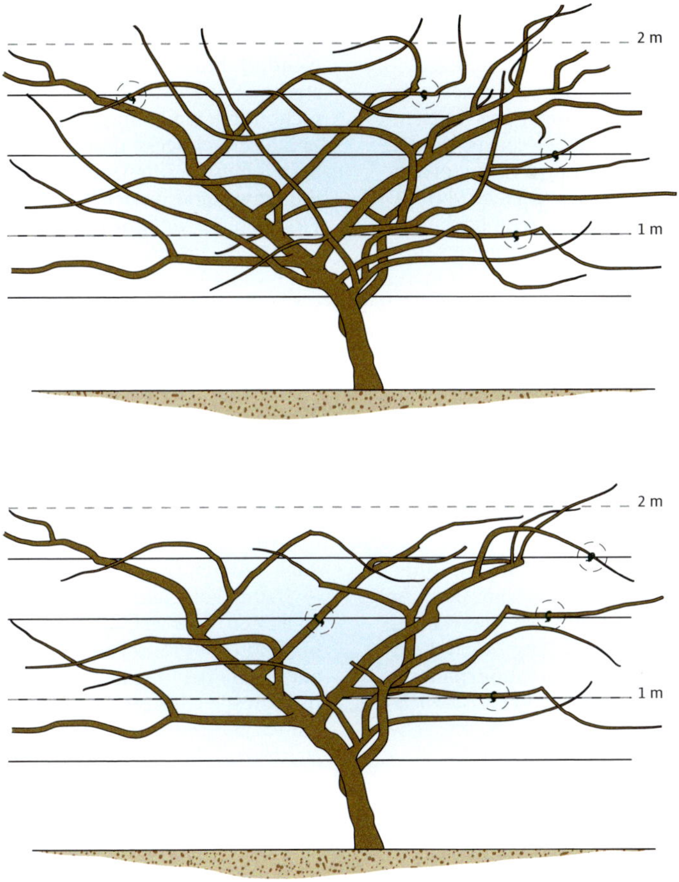

Oben: Formlose, schräge Hecke, Birne auf ***Pyrus betulifolia****, 9-jährig, vor dem Auslichten und Formieren. Unten: Die gleiche Hecke nach dem Schnitt.*

losen, schrägen Hecke. Der Mittelstamm bringt erfahrungsgemäß immer die meisten und stärksten Durchtriebe, während die unteren Äste leicht verkahlen. Ein Spalier soll aber zeitlebens von unten bis zur Spitze gleichmäßig mit Fruchtästen garniert sein.

In den ersten 3 bis 4 Jahren wird am jungen Baum nicht geschnitten. Mittelstamm und Seitenäste werden jedoch schräg gebunden und gleichmäßig über die Wandfläche verteilt. Starke Triebe bindet man flacher, schwächere steiler, schwache gar nicht. Ab dem 4. Jahr beginnt man mit der Fruchtholzerneuerung durch Auslichten und Ableiten auf junge Triebe. Die Formierungsarbeit muss konsequent beibehalten werden. Ist nach mehreren Jahren die Wandfläche mit Ästen und Zweigen gut ausgefüllt, entfernt man am besten allzu starke Austriebe ganz oder setzt sie gleich auf schwächere Fruchtäste zurück. Dies ist auch eine Frage der Unterlage.

Für hohe Spaliere darf die Unterlage nicht zu schwach sein. Beim Apfel wählt man mittelstarke Unterlagen, bei Birnen den Sämling. Auch Steinobst lässt sich gut zu Wandspalieren erziehen, wobei man grundsätzlich wie oben beschrieben vorgeht. Schwierigkeiten bereitet nur der Pfirsich (s. Seite 61).

Spindelbusch

Diese Baumform wurde besonders in den 40er-Jahren von Schmitz-Hübsch kreiert und stellt eine Rundkrone auf schwachwüchsiger Unterlage dar. Damals entstanden überall Spindelbuschanlagen auf M 9 (schwachwachsende Standardunterlage für kleinkronige Bäume). Der Spindelbusch auf M 9, bei schwachwüchsigen Sorten auch auf M 26 (besonders resistente Unterlage, v. a. bei schwachwüchsigen Sorten verwendet), braucht zeitlebens einen starken Stützpfahl, sofern man ihn nicht durch ein Drahtgerüst in eine Spindelbuschhecke umfunktioniert. Spindelbüsche pflanzt man auf 4 m Reihenabstand, in der Reihe, je nach Wuchsstärke, auf 2 bis 3 m. Bei der Pflanzung wählen wir eine Stammhöhe von 40 bis 60 cm, unterhalb dieser Höhe werden alle Seitentriebe des Bäumchens entfernt. Von den übrigen Seitentrieben wählt man 3 bis 4 möglichst waagrecht stehende aus, die anderen werden entfernt. Das geschnittene Jungbäumchen soll einen Kegel bilden, wobei die Triebe von unten nach oben auf etwa 5, 4 und 3 Augen eingekürzt werden. Der Mitteltrieb überragt den obersten Seitentrieb um 4 bis 5 Augen (s. Abb. Seite 39 oben).

In den Folgejahren ist streng darauf zu achten, dass sich die Krone nicht überbaut. Der Mitteltrieb wird etwa auf die Hälfte eingekürzt, die Konkurrenzknospe entfernt. Die Seitentriebe bindet man waagrecht oder ganz leicht ansteigend. Seitenzweige sollen sich nie zu Leitästen entwickeln. Sie bleiben nur Fruchtholzträger und sollen weiterhin eine pyramidale Kronenform gewährleisten.

Mit Ausnahme des Mitteltriebes werden alle Seitentriebe möglichst nicht eingekürzt, sondern nur ausgelichtet und niedergebunden. Später wird das lang belassene Fruchtholz laufend erneuert (»Fruchtholzrota-

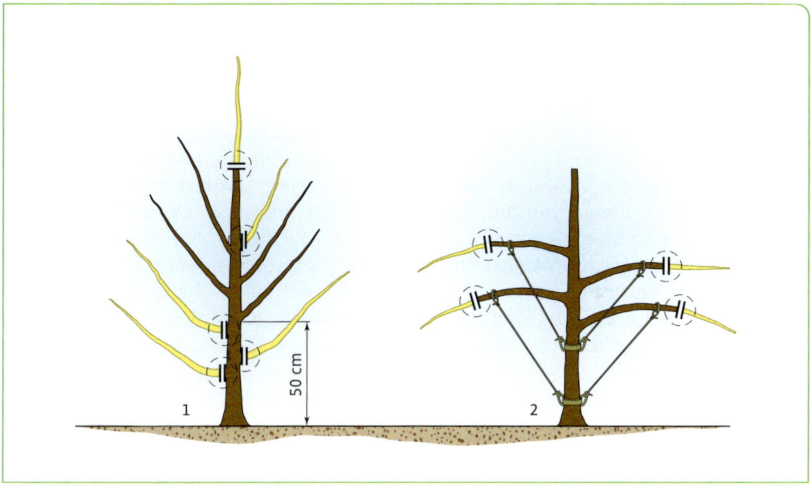

Behandlung des Spindelbusches nach der Pflanzung. 1 = Nur 3 bis 4 möglichst waagrecht stehende Seitentriebe belassen. 2 = nach dem Schnitt, Seitentriebe werden niedergebunden und eingekürzt.

Spindelbusch im 3. Standjahr. Guter Blütenbesatz zu erwarten. Schnüre können nach der Ernte entfernt werden. Trieb (1) ist im Winter auf (2) abzuleiten.

tion«), indem man die abgeernteten Zweige auf jüngere, günstig stehende zurücksetzt oder ableitet. Auch starke Austriebe kann man durch Niederbinden rasch in Fruchtzweige umwandeln (s. Abb. unten).

Die Abstände der stärkeren Fruchtäste übereinander sollten nicht unter 50 cm betragen, damit die Krone immer locker bleibt. Wenige Äste bringen stets schönere und bessere Früchte als zu viele und zu dicht stehende. Die Höhe der Bäume begrenzen wir auf maximal 2,5 m.

Um den oberen Durchtrieb und damit die Überbauung zu bremsen, binden wir die nicht eingekürzten Triebe flach, schwächere Triebe »lassen wir laufen«; diese setzen von selber Blüten an. Nach dem Abtragen schneiden wir die ganzen Zweige auf tieferstehende, mit Blütenknospen besetzte Zweige zurück.

Um starkwüchsige Sorten wie 'Gravensteiner', 'Boskoop' oder 'Gloster 69' ohne größere Probleme »spindelbuschtauglich« zu machen, sollten sie hochveredelt auf M 9 gekauft werden. Die etwa 30 cm hohen Stämmchen der Unterlage M 9 bremsen den Wuchs sehr stark und man bekommt auf diese Weise die Kronenerziehung leichter in den Griff. Vielleicht bietet in Zukunft auch die Unterlage M 27 (sehr schwach wachsende, fruchtbarkeitsfördernde Unterlage) für diese Sorten eine Lösung an.

Schlanke Spindel

Die für den Kleingarten sehr günstige Baumform ist eine Abwandlung des Spindelbusches. Bei diesen, auf M 9 veredelten Bäumen werden keine Leitäste erzogen, sondern nur kurze Sockel, die einen spitzpyramidalen Aufbau der Krone ermöglichen. Zur Pflanzung verwendet man meist 1-jährige Veredlungen, die bis zu einer Höhe von 1,20 m ungeschnitten bleiben; höhere kürzt man auf diese Höhe.

Vorzeitige Seitentriebe sollten vorhanden sein. Wenn nicht, kürzt man das Stämmchen auf etwa 1 m und entfernt die oberen 4 bis 5 Augen unter der Verlängerungsknospe. So erzwingt man einen Austrieb der Seitenknospen in der richtigen Höhe. Vorzeitige Sei-

Spindelbusch, 4. Standjahr, vor dem Schnitt (Zwetsche).

Derselbe Spindelbusch nach dem Schnitt.

tentriebe wären natürlich am günstigsten, weil sie aufgrund ihrer flachen Stellung noch im ersten Standjahr Blütenknospen ansetzen. Man erspart sich so ein Jahr im Kronenaufbau.

In den folgenden Jahren schneiden wir den Gipfeltrieb 30 cm über dem obersten Seitentrieb an; alle anderen Triebe werden nach der Blüte waagrecht gebunden. Zu starke Konkurrenztriebe kommen weg. Das Fruchtholz wird ständig erneuert, sodass sich erst gar keine Äste entwickeln können. Es gibt daher bei der Schlanken Spindel nur 1-jährige Triebe vom Stamm weg, 2-jährige, die Blütenknospen entwickeln sowie die 3-jährigen, fruchtenden Zweige. Diese werden im folgenden Winter auf den Leitastsockel zurückgeschnitten. Da auch schon die Verlängerungstriebe am 2-jährigen Holz entfernt werden, bleibt diese Baumform wirklich schlank (s. Abb. unten).

Die Bäume sollen höchstens 2,5 m hoch werden. Das Niederbinden der Seitentriebe kann man sich später dadurch erleichtern, dass man von den vielen Austrieben immer die flachsten stehen lässt, die steilen jedoch entfernt, falls sie nicht mit einer Blütenknospe enden. Die Baumhöhe begrenzt man, indem man die obersten, oft starken Triebe mitsamt der Achse auf schwache, blütenknospenbesetzte Zweige zurücknimmt. Schlanke Spindeln pflanzt man in der Reihe auf 1 bis 1,20 m Abstand oder in Doppelreihen im Dreiecksverband mit 1 m Abstand. Die mehrreihigen »Beetpflanzungen«

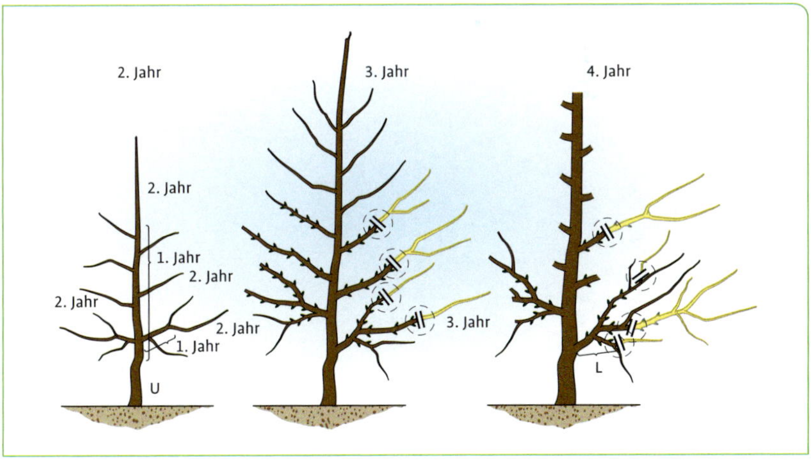

Erziehung der Schlanken Spindel. Pflanzung als 1-jährige Veredlung ohne Seitentriebe. Am 2-jährigen Zweig wird im Winter darauf die Verlängerung entfernt. Im 3. Jahr wird der Zweig fruchten, danach wird er auf Basisaugen oder Fruchtspieße zurückgesetzt. 1-jährige Triebe nie einkürzen, zu dicht stehende auslichten. U = Unterlage, L = Leitastsockel.

der Holländer kommen für den Kleingarten wohl kaum in Frage. Die Erziehung der Schlanken Spindel sieht in der Praxis meist anders aus. Es entstehen gewöhnlich normale Spindeln, also ein Mittelding zwischen Schlanker Spindel und Spindelbusch; einerseits, weil man es nicht übers Herz bringt, so viel wegzuschneiden und man um den Ertrag fürchtet, andererseits, weil die Bäume einfach nicht immer so austreiben wie geplant.

Aber das macht nichts! Wichtig ist der lockere Aufbau der Krone und ihre Beschränkung in der Ausdehnung. Pflanzt man die Bäume weiter auseinander, 1,50 bis 2 m etwa, können natürlich auch längere Leitastsockel verbleiben. Die hier wiedergegebene Lehrmeinung kann daher je nach Erfordernis etwas abgewandelt werden.

Birne und Quitte

Für die Birne gilt im Allgemeinen alles, was bisher für den Apfel besprochen wurde. Allerdings ist bei der Birne die Mittelachse stark im Wuchs gefördert; die Bäume neigen daher zum »Pappel-

Die Schlanke Spindel ist früh fruchtbar und vom Boden aus leicht zu pflegen und abzuernten.

wuchs«. Um ein zu starkes Durchtreiben der Gipfeltriebe und damit eine Überbauung der Krone zu verhindern, muss die Stammverlängerung oft bis auf die unteren, schwachen Augen zurückgenommen werden. Noch besser schneidet man auf einen tieferstehenden, schwächeren Seitentrieb zurück. Die zahlreich seitlich austreibenden Ruten können, nach Auslichtung der zu dicht stehenden, durch Niederbinden leicht in Fruchtholz umgewandelt werden. Sorten mit mehr waagrecht wachsenden oder bogig überhängenden Trieben (z. B. die Sorte 'Alexander Lucas') werden auch ohne Binden rasch fruchtbar (s. Abb. rechts oben).

Die Birne ist aber auch sehr gut geeignet für die formlose, schräge Hecke sowie für das Wandspalier, sowohl mit durchgehendem Mittelstamm wie auch als Fächerspalier mit unregelmäßig verteilten, schrägen Leitästen. Hierbei müssen natürlich alle starken, senkrechten Austriebe (»Wasserschosse«) entfernt oder herabgebunden werden. Da das Fruchtholz der Birne sehr bald vergreist, ist die laufende Fruchtholzverjüngung oberstes Gebot!

Über die Erziehung der Quittensträucher brauchen wir uns keine Gedanken zu machen. Sie wachsen nur in der Jugend stärker und kommen mit Einsetzen des Ertrages bald zur Ruhe. Quitten erzieht man am besten als Buschbaum mit Pyramiden- oder Hohlkrone, wobei dies nicht so exakt geschehen muss wie beim Apfel. Nach einem 2- bis 3-jährigen Aufbauschnitt kann man den Rückschnitt der Leitastverlängerungen beenden. Auslichtung und Fruchtholzverjüngung erfolgen wie beim Apfel.

Knospenbildung an einem Birnenzweig.

Früchte an einer Birnenspindel.

Schnitt von Obstgehölzen

Ob Stein-, Kern- oder Beerenobst – hier finden Sie genaue Anleitungen, was beim Schnitt zu beachten ist und wie Sie einen üppigen Ertrag erwirtschaften.

Schnittmaßnahmen am Beispiel Apfel

Pflanzschnitt

Bei der Pflanzung von Obstbäumen verwenden wir einjährige Veredlungen oder auch 2- bis maximal 3-jährige Kronenbäumchen. Da durch das Roden der Pflanzen in der Baumschule ein Teil des Wurzelkörpers verlorengeht, ist dementsprechend auch die Krone zu reduzieren, um einen guten Neuaustrieb zu erzielen. Je nach Erziehungsform (s. Seite 26) sind dabei der Mitteltrieb und die Leitäste einzukürzen, bei einjährigen Veredlungen der Mitteltrieb und die vorzeitigen Seitentriebe, falls diese stark entwickelt sind. Bei schwachen vorzeitigen Seitentrieben kürzt man nur den Mitteltrieb ein.

Die Stärke des Rückschnittes richtet sich bei einjährigen Veredlungen nach der gewünschten Höhe des Kronenansatzes, ansonsten nach der Stärke und Länge der vorhandenen Kronentriebe. Bei manchen Erziehungssystemen verzichtet man auf jeden Pflanzschnitt und lichtet nur überflüssige Triebe aus (formlose, schräge Hecke).

Geschnitten wird immer nach außen auf ein gutes Auge, beim Mittelstamm mehrjähriger Bäumchen immer auf ein Auge, das der letztjährigen Schnittstelle zugewandt ist, um eine gerade Stammverlängerung zu erzielen. Der Schnitt wird etwa 5 mm oberhalb des Auges schräg nach unten ausgeführt. Zu lange Stummel verheilen nicht und trocknen zurück. Zu knapper Schnitt gefährdet das Auge durch Austrocknen von der Schnittfläche her.

Vor dem Pflanzen des Baumes oder Strauches ist auch der Wurzelkörper etwas anzuschneiden. Dabei kürzt man zu lange Wurzeln ein, sodass sie bei der Pflanzung nicht gekrümmt oder geknickt werden, und schneidet alle abgestochenen oder gebrochenen Wurzelenden etwas nach. Ist der Wurzelkörper beim Transport trocken geworden, stellt man die Pflanze vor dem Einsetzen einige Stunden in ein Gefäß mit Wasser. So wird das Anwachsen erheblich erleichtert!

Erziehungsschnitt

Der Erziehungs- und Aufbauschnitt bezweckt einen baldigen Aufbau einer leistungsfähigen Krone und dauert je nach Gehölzart 2 bis 6 Jahre. Hierbei ist ausschlaggebend, auf welcher Unterlage das Gehölz veredelt ist und welche Kronenform wir anstreben. Je schwächer ein Baum wächst, umso weniger wird daran zu schneiden sein und umgekehrt.

Der Rückschnitt von Mittelstamm und Leitästen in der Jugend dient aber auch einem besseren Verhältnis von Längen- und Dickenwachstum. Das Kronengerüst wird stärker und für die Zukunft tragfähiger als bei einem Kronenaufbau aus ungeschnittenen, langen Trieben.

Zum Erziehungsschnitt gehören aber auch begleitende Maßnahmen, wie Binden und Spreizen, eventuell auch Stäben, wenn die Triebe nicht in die gewünschte Richtung wachsen. Bei Erstellung von Dreiast- oder Ypsilon-Hecken werden oft wahre Armeen von Stäben eingesetzt, um die Kronen in die gewünschte Form zu bringen.

Durch Herunter- bzw. Waagrechtbinden von Seitenzweigen bremst man deren Durchtrieb und erzielt rascher eine Blütenknospenbildung. Einjährige Triebe bindet man erst nach der Blüte ab, sonst entstehen viele senkrechte Austriebe (Kammbildung!). Werden junge Triebe schon im Jahr ihrer Entstehung niedergebunden, sollte dies erst im Sommer geschehen, weil sich sonst die Triebspitzen wieder aufrichten. Das Spreizen hilft vor allem, zu steil stehende Leitäste in einen günstigeren, größeren Winkel zum Mitteltrieb zu bringen und so den Grundstock für ein lockeres Kronengerüst zu bilden. Zudem verankern sich flacher stehende Abzweigungen am Stamm besser als steilstehende, die später leicht ausbrechen.

Zum Abspreizen verwendet man Gabelstücke von anfallenden Schnittästen oder auch gerade Aststücke von Hasel- oder besser Holundersträuchern. Man schneidet sie keilförmig zu und spreizt sie unter Zweiggabeln oder Knospenansätzen ein. Holunder erspart den Kerbschnitt am Ende, weil das weiche Mark sich gut dem Zweig anpasst und dem keilförmig zugespitzten Ende gleich die Kerbe »mitliefert«.

Wichtig ist auch der Zeitpunkt des Schnittes: Will man einen kräftigen Durchtrieb erzielen, schneidet man möglichst früh, also im Januar-Februar. Die Baustoffe aus den Stammreserven sind noch nicht aufgestiegen und kommen später den verbliebenen Knospen zugute. Wünscht man aber eine Wuchsbremse, schneidet man spät, im März-April. Es werden dann viele, bereits in die Zweige aufgestiegene Baustoffe (besonders Zucker) mit dem Schnittholz entfernt, die verbleibenden Knospen erhalten dann nur einen Teil der Baustoffe und treiben schwächer aus. Ein Rückschnitt zur Blütezeit schwächt den Wuchs am stärksten. Ein so später Schnitt wird gewöhnlich nur bei Pfirsichen und Aprikosen praktiziert.

Behandlung von Umveredlungen

Umveredelte Bäume oder Kronenäste sind ebenso einem Aufbauschnitt zu unterwerfen wie junge Kronen. Von mehreren aufstrebenden Ruten belässt man die günstigste, zentral stehende als Astverlängerung, die anderen bindet man am besten waagrecht oder tief, um sie in reichblühende Fruchtäste umzuwandeln.

Den Mitteltrieb schneidet man, je nach Wuchsstärke auf die Hälfte oder um ein Drittel zurück und baut mit dem folgenden Austrieb den neuen Leitast oder die Stammverlängerung auf. Um dem Baum Energie zu sparen, kneift man das zweite Auge von der Spitze her aus, sodass kein Konkurrenztrieb entstehen kann. Geschnitten wird immer auf ein Auge nach außen, beim Mittelstamm auf ein dem Pfropfkopf zugewandtes Auge. Die weiteren Schnittmaßnahmen geschehen entsprechend der zu erzielenden Kronenform.

An umveredelten Leitästen kann man jedoch nach dem ersten Jahr auch alle Triebe nach außen tiefbinden und baut dann aus dem günstigsten Scheiteltrieb den Ast weiter auf. So erhält man dem Baum sein produziertes Holz, erzielt rascher einen Ertrag und »rückt« die Astverlängerung ein Stück nach außen. Doch nicht jedem gefällt diese Bogenbildung.

Korrekt durchgeführter Erziehungsschnitt an einem Apfelbaum.

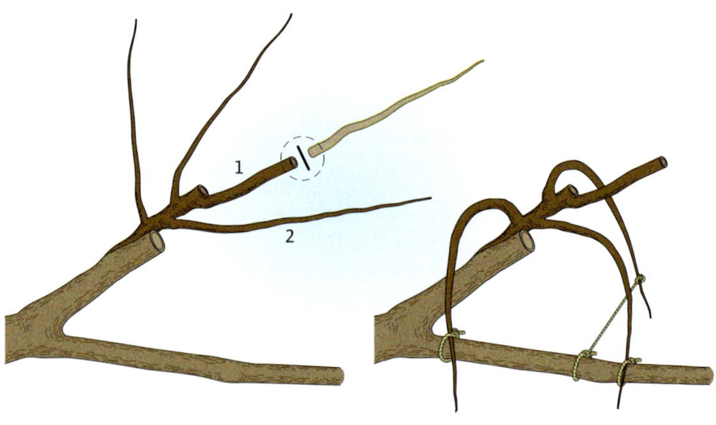

Umveredlungen. Der Verlängerungstrieb (1) wird zur Hälfte eingekürzt, die übrigen Triebe bindet man tief (rechts). Trieb (2) könnte zu einem Nebenleitast erzogen werden. Er wäre dann entsprechend einzukürzen und abzuspreizen.

Erhaltungsschnitt

Fertig aufgebaute Kronen werden an ihren Spitzen gewöhnlich nicht mehr zurückgeschnitten, sondern vielmehr alljährlich ausgelichtet, um das Kronengerüst locker zu halten. So kann Luft und Sonne ins Kroneninnere dringen, die Qualität der Früchte wird besser sein, die Schnitt-, Pflanzenschutz- und Erntearbeiten sind deutlich leichter durchzuführen.

Beim Erhaltungsschnitt ist das sogenannte »Ableiten« besonders wichtig. Dabei schneidet man zu steil stehende oder zu hoch gewachsene Äste oberhalb günstig stehender, nach außen weisender Seitenäste weg. Zu tief hängende, abgetragene Äste schneidet man bis auf jüngere, stammnähere, ebenfalls nach außen weisende Zweige zurück. So hält man die Krone in Form, vermeidet ein Dickicht aufstrebender Äste sowie ein Überaltern abgetragener Zweige (s. Abb. unten, Seite 50 unten).

Die Astverlängerung hingegen »lassen wir laufen«, d. h. wir schneiden sie nicht mehr zurück. Die Krone ist jetzt so weit im Gleichgewicht, dass sich Triebkraft und Fruchtertrag die Waage halten. Zum Erhaltungsschnitt gehört aber auch die laufende Fruchtholzverjüngung. Nicht nur überalterte, sondern alle abgetragenen Fruchtzweige werden laufend auf jüngere, günstig stehende zurückgenommen. Diese »Fruchtholzrotation« garantiert immer leistungsfähiges, lockeres und gut besonntes Fruchtholz.

Schnitt eines Apfelzweiges je nach Bestimmung. Links: Leitastanschnitt. Mitte: Fruchtast, Nebenleitast. Rechts: Fruchtholzumwandlung.

Auslichten

Auch das Auslichten der Baumkrone zählt zum Erhaltungsschnitt und sollte alljährlich im Winter durchgeführt werden. Mehrere Jahre hindurch ungeschnittene, verwilderte Kronen sind entsprechend radikal auszulichten. Bei älteren, auszulichtenden Kronen sollte der oberste Grundsatz sein, durch Entfernung weniger, größerer, störender Äste die Krone sinnvoll zu lichten und nicht mit tausend Schnitten an kleinen Zweigen dieses Ziel erreichen zu wollen. Am »Stutzen« erkennt man den Pfuscher! Man kann nur zu wenig, kaum aber zu viel auslichten! Wenige, lockerstehende Äste und Zweige bringen weitaus schönere, größere und schmackhaftere Früchte als dichte Kronen!

Beim Auslichten entfernen wir zunächst alles tote Holz, dann alle ungünstig stehenden, nach innen oder parallel zu günstiger stehenden Ästen wachsende Zweige und Stämme. Wir leiten auch in verstärktem Umfang nach außen oder nach oben ab.

Das abgetragene Fruchtholz wurde durch einen gekonnten Schnitt auf jüngere Zweige abgeleitet.

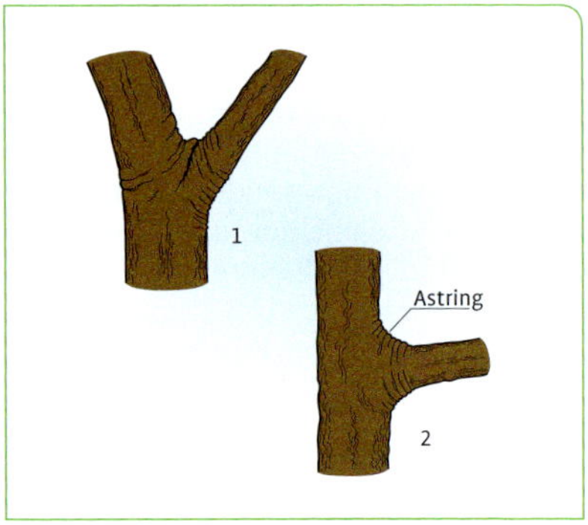

Astansatz. 1 = zu steil, Gefahr des Ausschlitzens, 2 = flach, keine Bruchgefahr.

Wasserschosse oder »Reiter« werden an der Basis entfernt, sofern man sie nicht als Ersatz für gebrochene oder überalterte Äste heranzieht. Jeder »Reiter« wird bei Bedarf ein fruchtbarer Ast.

Beim Auslichten entfernen wir auch alle zu steil angesetzten Nebenäste, da solche Gabeläste leicht ausbrechen und sich auch nicht abspreizen lassen, ohne auszuschlitzen. Ein Astansatzwinkel unter 45° ist immer zu vermeiden (s. Abb. oben).

Bei allen Schnittarbeiten sind die zu entfernenden Äste glatt »auf Astring« wegzuschneiden! Verbleibende Aststummel sind nicht nur hässlich, sie treiben entweder stark aus oder trocknen zurück und bilden dann Eintrittspforten für Holzpilze, die den Stamm angreifen und das Kronengerüst zum Absterben bringen können. Vor allem beim Steinobst, wo leicht Gummifluss oder *Valsa* nicht mehr zu verheilende Wunden erzeugen, ist dies wichtig. Stärkere Äste schneidet man zweckmäßigerweise zuerst auf einen längeren Stummel, den man nachher auf Astring entfernt. Sonst kann es beim Absägen leicht zum Ausschlitzen von Ästen kommen; tiefe und lange Risswunden am Stamm sind dann die Folge. Leichtere Äste stützt man beim Schnitt mit der freien Hand ab und vermeidet so ein Ausbrechen.

Verjüngen

Eine Art von Verjüngung wurde schon besprochen, das »Ableiten«. Hierbei werden ältere, abgetragene Fruchtäste oder zu steil stehende, mit dem Mittelstammbereich konkurrierende Äste auf günstig stehende Seitenzweige abgeleitet. Es kann aber auch nötig sein, die gesamte Krone zu alt oder zu hoch gewordener Bäume zurückzunehmen. Auch bei Umveredlungen wird die Krone »abgeworfen«, d. h., die Spitze des Stammes und die Äste werden zurückgeschnitten. Hierbei peilt man, ausgehend vom Stamm, einen, der Wuchsart des Baumes entsprechenden Abwurfwinkel an, der im Allgemeinen bei etwa 120° liegt. Dann schneidet man den Mittelstamm auf die gewünschte Höhe und nach und nach alle Leitäste zurück. Durch ständiges Überprüfen vom Boden aus korrigiert man die Verjüngung. Die Äste werden auf nach außen weisende Zweige oder Kurztriebe zurückgenommen. Sind solche nicht vorhanden, »stümmelt« man den Ast einfach und verlässt sich auf den Austrieb schlafender Augen oder Adventivknospen (s. Abb. oben).

Bei jeder Verjüngung sollte auch zugleich ausgelichtet werden. Wichtig

Beim Verjüngungsschnitt sollen die Ableitschnittstellen bzw. die neuen Verlängerungen der Gerüstäste wieder einen Winkel von etwa 120° bilden.

ist jedoch in den Folgejahren die Nachbehandlung, die dem Aufbauschnitt junger Kronen ähnlich ist. Günstig stehende Austriebe bewerkstelligen den Aufbau der neuen Stämme und Leitäste, überflüssige, konkurrierende oder nach innen wachsende Triebe werden entfernt. Kahl gebliebene Aststummel werden bis zu günstigen Austrieben nach außen und von diesen weg schräg abwärts nachgeschnitten. So verheilen die Wunden rascher.

Da durch den Eingriff der Verjüngung immer eine Unmenge von Reitern oder Wasserschossen entstehen, ist diesen besondere Aufmerksamkeit zu widmen. Die meisten von ihnen werden entfernt. Nur zum Aufbau der Krone brauchbare Reiter können erhalten bleiben, müssen aber manchmal durch Binden oder Spreizen in die gewünschte Richtung gebracht werden.

Im ersten Jahr nach der Verjüngung belässt man viele der später nach und nach zu entfernenden Austriebe, um dem Baum mit Hilfe wenigstens dieser Blattmasse den Übergang von der verlorenen Krone bis zum Aufbau einer neuen Krone zu erleichtern. Allerdings müssen die neuen Astverlängerungen freigestellt werden und alle überflüssigen Austriebe im Bereich der verjüngten Stummel gleich und laufend entfernt werden, um den angestrebten Aufbau der neuen Krone nicht zu gefährden. Ebenso sind bei Umveredlungen unterhalb der Pfropfköpfe alle Austriebe sofort zu entfernen, weil sonst die »wilden« Austriebe alle Kraft an sich reißen und die Edelreiser »verhungern« würden!

In den Folgejahren ist weiterhin sorgfältig auszulichten, sind die bei der Verjüngung entstandenen Wundflächen zu pflegen und deren Überwallung zu fördern (s. Seite 115).

Apfelspindelbüsche.

Bemerkungen zum Sommerschnitt

Die eigentlichen Sommerschnittmaßnahmen, wie der Rückschnitt der grünen Triebe, können hier nicht berücksichtigt werden. Aber es gibt einen »vorgezogenen Winterschnitt«, wobei verschiedene Schnittmaßnahmen (vor allem das Auslichten) statt im Winter schon im Sommer oder Frühherbst ausgeführt werden, am besten gleich nach der Obsternte. Dies gilt besonders für das Steinobst und für Johannisbeeren.

Das Auslichten sowohl grüner Triebe als auch älterer Zweige im Sommer gewährleistet beim Steinobst eine bessere und raschere Wundverheilung, ohne dass Gefahr von Frostschäden an den Schnittwunden bestünde. Bei Pfirsichen dient die sommerliche Auslichtung aber auch der besseren Besonnung und damit Ausfärbung der Früchte. Bei allen Obstarten lassen sich junge, noch krautige Triebe im Laufe des Sommers leicht auskneifen, später auch mit der Schere ausschneiden. Dabei entfernen wir gleich überflüssige Triebe wie Konkurrenztriebe und »Reiter« mit, die im folgenden Winter ohnehin entfernt werden müssten. Wir ersparen so dem Baum die Produktion überflüssigen Holzes, er kann dafür die wichtigen Triebe besser ausbilden.

Johannisbeersträucher lichtet man immer schon nach der Ernte aus. Die verbliebenen Stämme kräftigen sich danach noch sehr und auch der Blütenknospenansatz wird gefördert. Stämme der Schwarzen Johannisbeeren können vorteilhaft auch schon zu diesem Zeitpunkt auf junge Triebe abgeleitet werden.

Ein weiterer Gesichtspunkt, der für den Sommerschnitt spricht, ist in der Regel zu finden, die besagt, dass die Wurzelkrone das Spiegelbild der Baumkrone ist. Die Wurzeln wachsen also umso stärker, je stärker die Triebe in der Krone wachsen. Wenn wir nun alle überflüssigen Triebe baldmöglichst entfernen, bremsen wir damit auch zugleich das Wurzelwachstum. Dies kann bei stark wachsenden Bäumen nur ein Vorteil sein. Andererseits erzeugen schwach wachsende Kronen ohnedies nicht allzu viele überflüssige Neutriebe, sodass hier nicht viel zu entfernen sein wird.

Steinobst

Die Wuchseigenschaften der Steinobstbäume sind in mehrfacher Hinsicht von denen des Apfelbaumes verschieden. Zwar gelten die gleichen Wachstumsgesetze in Bezug auf Austrieb, Triebförderung und Art der Triebverteilung, doch weicht jede Steinobstart in gewissen Lebensäußerungen von denen des Kernobstes ab.

So gibt es beim Steinobst keinen Trieb, der mit einer Blütenknospe abschließt. Die Spitzenknospe ist immer eine Triebknospe, auch bei den Fruchtspießen. Außerdem erzeugt das Steinobst kein verzweigtes Quirlholz wie Apfel und Birne, nur die Zwetschen und ihre Verwandten bilden verzweigte Fruchtspieße aus.

Alle Steinobstarten gehören einer einzigen Gattung (*Prunus*) an. Dieser Gattung ist die Fähigkeit zur Gummibildung gemeinsam; d. h., austretender Pflanzensaft erhärtet an der Luft zu Gummi, der in Wasser quellfähig ist. An Schnittwunden, Verletzungen und bei Krankheitsbefall kommt es oft zur Gummiausscheidung, wodurch die Wundverheilung verzögert und ein Befall mit Wundparasiten gefördert wird. Daher werden Steinobstbäume am besten im August–September noch im belaubten Zustand geschnitten. Die Schnittwunden verheilen besser und bilden weniger Gummi.

Der Kronenaufbau ist für jede Steinobstart typisch und unterscheidet sich von anderen. So baut sich die Süßkirsche anfangs streng symmetrisch auf, fast wie eine Kiefer, und bekommt erst im Alter, wie auch die Kiefer, eine mehr abgeflachte, runde Krone. Zwetschen bilden zwar meist einen durchgehenden Mittelstamm, ihr Kronenaufbau ist jedoch unregelmäßig, buschig. Aprikosen bilden von Natur aus breite, ausladende Kronen, wobei die Mittelachse bald ihre Vorherrschaft verliert. Der Pfirsich schließlich treibt die Spitzenförderung »auf die Spitze«, wobei die unteren Zweigpartien bald verkümmern und absterben. Im Alter überwiegt dann die »mesotone« Triebförderung, indem aus älteren Stämmen und Ästen starke »Reiter« durchtreiben, die durch Fruchtbogenbildung jedoch ebenfalls rasch vergreisen. Ein ungeschnittener Pfirsichbaum gleicht daher immer einem dichten »Besen« aus toten und lebenden Zweigen.

Unterlagen für das Steinobst

Die Steinobstarten wurden früher fast ausschließlich auf Sämlinge derselben Art veredelt; zum Teil ist das heute noch so.

Süß- und Sauerkirschen werden neben dem Vogelkirschensämling (*Prunus avium*) und der vegetativ vermehrten Kirschunterlage F 12/1 (sehr starkwachsende, frostharte Unterlage für Halb- und Hochstämme) auch auf die Steinweichsel (*Prunus mahaleb*) veredelt. Diese erzeugt zwar kleinere Baumformen, aber nicht klein genug für den Kleingarten und für Hecken. Neuerdings werden von verschiedenen Baumschulen auch Süß- und Sauerkirschenbäume auf schwachwüchsigen Unterlagen wie 'Colt', 'Gisela' oder 'Weiroot' veredelt angeboten, die sich angeblich auch als Spindelbusch oder für niedere, etwa 3–4 m hohe Heckenerziehung eignen.

Bei der Kronenerziehung dieser Bäumchen wird anfangs nur der Mittelleittrieb auf etwa die Hälfte zurückgenommen, während die Seitentriebe nur waagrecht gebunden werden. Zu einem späteren Zeitpunkt leitet man alle aufrecht wachsenden Triebe auf waagrechte Seitenzweige ab. Dies geschieht am besten schon im jungen, krautigen Zustand, spätestens jedoch im Sommer nach der Ernte.

Zwetschen, Pflaumen, Renekloden und Mirabellen werden zumeist auf selektionierte Unterlagen der Hauszwetsche veredelt ('St. Julien', 'Brompton') oder auf 'Myrobalane' (Kirschpflaume). Letztere wächst aber noch stärker als die Hauszwetsche. Schwächer wüchsig ist die 'Ackermannpflaume' ('Marunke'), die derzeit am meisten verwendet wird.

Aprikosen werden hauptsächlich auf Aprikosensämlinge veredelt sowie auf Hauszwetsche und leider auch auf 'Myrobalane'. Letztere Unterlage eignet sich nur für Sand- und Schotterböden, ansonsten wächst sie viel zu stark und die Bäume leben nicht lange.

Pfirsiche veredelt man auf Pfirsich-Sämling, in kühleren Gebieten mit feuchtem, schwerem Boden auf Hauszwetsche. In sehr trockenen Lagen mit leichtem Boden bewährte sich die Bittermandel als Unterlage.

Süßkirsche

Diese Obstart beansprucht den geringsten Schnittaufwand. Im Allgemeinen wird nur ein Pflanzschnitt durchgeführt, bei dem man eine ausgewogene Pyramidenkrone anstrebt. Sind die Seitentriebe beim frisch gepflanzten Bäumchen nur schwach entwickelt, schneidet man nur den Mitteltrieb an und lässt von den übrigen die besten 3 bis 5 Triebe stehen (s. unten).

Da sich die Kirsche vorwiegend an der Triebspitze quirlartig verzweigt

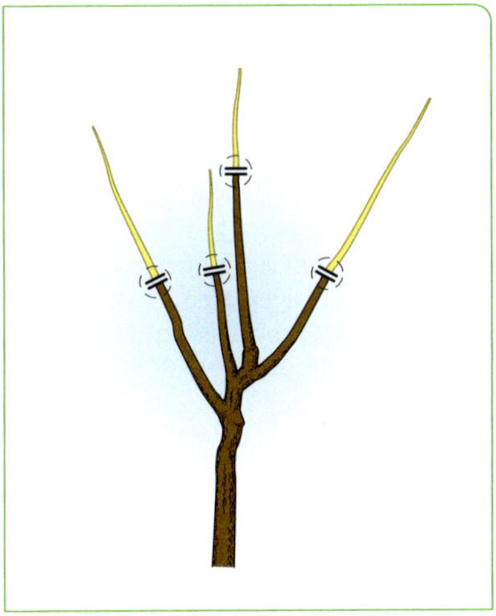

Pflanzschnitt bei der Kirsche.

und entlang der Vorjahrstriebe nur bei Rückschnitt durchtreibt, schneidet man weiterhin nicht zurück und lichtet nur die schwächeren Quirltriebe aus. Wenn später die Krone zu hoch wird, leitet man die Leitäste und den Gipfel auf günstige Seitenzweige ab. Soll ein Kirschbaum niedrig bleiben, erzieht man ihn am besten als Hohlkrone und leitet die Leitastverlängerungen schon ab dem 3. oder 4. Jahr auf Seitentriebe nach außen ab. Jeder Rückschnitt von Langtrieben würde nur wilde »Besen« erzeugen.

Die Blütenknospen entwickeln sich bei den Kirschen an der Basis starker Langtriebe, entlang schwächerer Langtriebe und an den Bukettzweigen, die sich allmählich zu »Ringelspießen« auswachsen (s. Abb. Seite 13 unten, 14, 15). Dieses Fruchtholz ist beim Erhaltungsschnitt zu schonen. Beim Auslichten entfernt man immer größere Astpartien oder ganze Äste, die ungünstig stehen. Auch kommen alle Reiter weg, die besonders nach Ableitungsschnitten entstehen.

Von Süßkirschen lassen sich mit viel Bindearbeit auch Obsthecken erziehen, nach Wirth (Wädenswil) sogar auf der Unterlage F 12/1. Duhan (Wien) arbeitet erfolgreich mit der formlosen, schrägen Hecke auf einer Zwischenveredlung mit der Sauerkirsche 'Montmorency'.

Junger Kirschbaum mit gutem Erziehungsschnitt.

Sauerkirsche

Bei den Sauerkirschen gibt es zwei Wuchsformen: Aufrecht wachsende Kronen ('Köröszer Weichsel', 'Kelleriis 14', 'Rexelle') und solche mit mehr hängendem, später fast trauerweidenartigem Wuchs (Schattenmorelle). Da die Sauerkirschen ihre Blütenknospen entlang der einjährigen Triebe entwickeln, müssen immer genügend solcher Triebe vorhanden sein.

Bei der Pflanzung schneidet man nur den Mitteltrieb zurück und vereinzelt später die Triebe zu den künftigen Leitästen. Um die Bäume niedriger zu halten, wählt man eine Stammhöhe von 50 bis 60 cm. Die Krone erzieht man als Pyramiden- oder besser als Hohlkrone. Der Mittelstamm kann auch erst später auf einen Seitenast abgeleitet werden. Die Hauptäste sol-

Sauerkirschen sind vielseitig verwendbar und anspruchslos an Lage und Klima.

len nicht zu steil stehen, sodass die Krone licht und luftig bleibt.

Ableiten und Auslichten ist besonders wichtig!

Aufrecht wachsende Sorten unterliegen mehrere Jahre hindurch einem laufenden Rückschnitt der Astverlängerungen, um genügend Seitentriebe zu erhalten. Die oft besenartigen Austriebe an den Spitzen sind dann zu vereinzeln. Am besten nimmt man im August alles bis auf den günstigsten, nach außen stehenden Trieb zurück.

So erzielt man einen Austrieb vieler Langtriebe entlang der vorjährigen Ruten, die sich noch im gleichen Jahr mit Blütenknospen garnieren.

Bei der Schattenmorelle hat sich mehr oder weniger durchgesetzt, alle Fruchttriebe nach der Ernte zurückzuschneiden, da sie, außer an der Basis und an der Spitze, auf ihrer ganzen Länge meist nur Blütenknospen ansetzen und nach der Ernte verkahlen. Sie treiben unbeschnitten nur an der Spitze weiter und es entstehen lange, peitschenartige Zweige, die den Baum in eine dichte »Trauerweide« verwandeln. Bei Rückschnitt der Fruchttriebe nach der Ernte auf die Basisknospen erzielt man eine ständige Fruchtholzerneuerung und größere Früchte, allerdings mit viel Schnittarbeit! Die Leitastverlängerungen werden, wie oben beschrieben, zurückgeschnitten.

Sauerkirschen eignen sich zudem für Wandspaliere. Als formlose, schräge Hecke erzogen (s. Seite 34), kann man mit viel Binde- und Schnittarbeit die Sauerkirsche sogar auch für Hecken verwenden.

Blühende, junge Sauerkirsche.

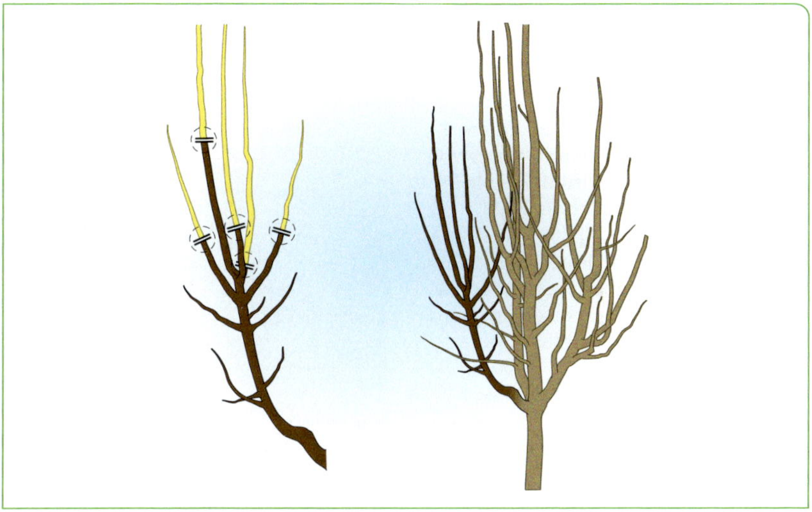

Beispiel für Auslichtung, Schnitt und Formierung eines 3-jährigen Zwetschenbaumes.

Der gleiche Baum nach dem Schnitt. Die Vergrößerung zeigt den Ast, wie er nach dem Schnitt ausgetrieben hat und nun zu schneiden wäre.

Zwetsche, Pflaume, Reneklode, Mirabelle

Diese Steinobstarten werden einem 2- bis 3-jährigen Aufbauschnitt unterworfen. Die Baumkrone wird dabei als Pyramide, Hohlkrone oder auch als Längskrone erzogen. Später ist laufend auszulichten und das Fruchtholz zu verjüngen. Diese Arbeiten, auch schon der Pflanzschnitt, unterscheiden sich kaum von jenen des Apfelbaumes (s. Seite 46).

Zwetschen und Pflaumen neigen sehr zur Überbauung der Krone. Ein baldiges Stoppen des Höhenwuchses durch Ableiten auf Seitenzweige wird unerlässlich sein. Die oft massenhaft erscheinenden »Wasserreiser« sind glatt am Stamm oder Ast wegzuschneiden. Sie sind aber andererseits bestens zur Verjüngung abgetragener (abgekippter) Fruchtäste geeignet, indem man die vergreisten Zweige bis zu diesen Austrieben wegnimmt. Natürlich wählt man hierfür die stärksten und günstigsten Triebe aus; sehr lange Ruten kürzt man im ersten Winter entsprechend ein (s. Abb. Seite 57).

Wichtig, wenn auch selten durchgeführt, wäre ebenfalls die laufende Verjüngung der kleinen Fruchtzweige. Es entstehen sonst bald dichte, teils absterbende Fruchtspieß-Verzweigungen, die nur mehr minderwertige Früchte liefern. Also stets Rückschnitt auf jüngere, stärkere Fruchtspieße und Fruchtruten vornehmen.

Zwetsche: Rechte Baumhälfte geschnitten, linke noch ungeschnitten.

Hochwertige Früchte entstehen nur, wenn die Fruchtzweige laufend verjüngt werden.

Aprikose

Die Aprikose bevorzugt warme, eher trockene Lagen. Am besten gedeiht sie in Weinbaugebieten auf Kalkböden. Die Jungbäume erzieht man mit etwa 1 m Stammhöhe als Pyramiden- oder Hohlkrone. Wichtig ist, außer dem Pflanzschnitt (wie beim Apfel durchzuführen), der mehrjährige, starke Anschnitt der Leittriebe und der Stammverlängerung etwa auf die Hälfte ihrer Länge. So lässt sich ein starkes und tragfähiges Kronengerüst erziehen. Ohne Schnitt entstehen lange, dünne Äste, die beim ersten Ertrag zusammenbrechen (s. Abb. rechts).

Konkurrenztriebe und alle starken Austriebe, die ins Kroneninnere wachsen, bricht man vorteilhaft schon im krautigen Zustand aus. Nach 5 bis 6 Jahren beendet man den Rückschnitt und lichtet nur mehr aus. Aprikosen blühen am einjährigen Langtrieb (am besten im obersten Drittel), an Fruchtspießen und Bukettzweigen. Da altes, kleinzweigiges Fruchtholz nur kleine Früchte bringt, sollte man dieses laufend auf junge, stärkere Triebe zurückverjüngen. Alle Schnittarbeiten führt man am besten in den Sommermonaten oder gleich nach der Ernte durch. Alle Schnittwunden sind gut zu verstreichen (s. Seite 115), weil sie sonst leicht durch den gefährlichen Holzparasiten *Valsa leucostoma* infiziert werden. Dies führt öfter zum Absterben von Ästen und Bäumen. Sehr beliebt sind Aprikosen auch in kühleren Gebieten und höheren Lagen als Fächerspalier an Hauswänden. Hier müssen die Bäume jedoch auf Zwetsche veredelt sein (s. Seite 55).

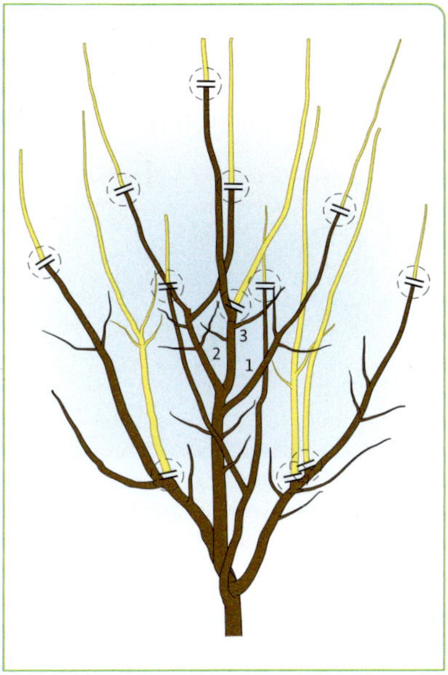

Aprikose nach dem 3. Standjahr. Fälschlicherweise wurden im 2. Jahr nur die Äste (1), (2), (3) geschnitten. Der Baum wäre nun wie angegeben zu korrigieren.

Pfirsich, Nektarine

Die beiden, miteinander nah verwandten *Prunus*-Arten weichen in ihren Wuchseigenschaften von den anderen Steinobstarten ab. Sie neigen stark zur Überbauung der Kronen und zum raschen Vergreisen triebschwacher Äste und Zweige. Daher muss durch laufenden, starken Schnitt jeder Vergreisung begegnet werden. Andererseits lassen sich diese Bäume auch gut und öfter verjüngen, nahezu wie die Weiden.

Auch der Pfirsich (*Prunus persica*) stammt aus südlicheren Zonen und

Fruchtholzerneuerung ist bei keiner Fruchtart so wichtig wie beim Pfirsich. Nur so wird er reich tragen.

Junger Pfirsichbaum nach dem Pflanzschnitt.

liebt daher warme, durchlässige Böden; jedoch weniger Kalk als die Aprikose, da er sonst zur Chlorose neigt (am besten ist ein pH-Wert von 6 bis 6,5). Nur bei Veredlung auf Zwetsche kann auch der Pfirsich in kühleren Gebieten gezogen werden, eventuell als Fächerspalier an Wänden.

Da der Pfirsich zu einem schleudrigen Wuchs neigt und von Natur aus keinen durchgehenden Mittelstamm bildet, erzieht man den Pfirsich am besten als Hohlkrone mit 3 bis 4 Leitästen. Die Hohlkrone wird schon beim neu gepflanzten, 1-jährigen Heister (junger, noch kronloser Baum) aus den vorzeitigen Seitentrieben gebildet. Dazu wird der Stamm in etwa 60 cm Höhe auf die besten Seitentriebe zurückgeschnitten. Die Seitentriebe selbst schneidet man in gleicher Höhe auf 5 bis 6 Augen an. Sind sie zu schwach, schneidet man auf die Basisaugen (Beiaugen) zurück und erzieht die Leitäste aus diesen Austrieben. Dazu belässt man gleich beim Austrieb nur die 3 bis 4 stärksten und günstigen Triebe (s. Abb. Seite 63).

Die Leitäste kann man in etwa 1 m Abstand vom Stamm vergabeln lassen oder man erzieht an der Leitastunterseite bzw. seitlich angesetzt Nebenleitäste. Ansonsten muss man immer darauf achten, zu hohe Äste abzuleiten und Steher zu entfernen oder tiefzubinden. Tiefgebundene Zweige werden nach der Ernte entfernt. Die Fruchtholzerneuerung ist bei keiner Obstart so außerordentlich wichtig wie beim Pfirsich (s. Abb. Seite 64 unten).

Der Pfirsichbaum bildet verschiedene Triebe aus, die auch unterschiedlich zu behandeln sind:

Pflanzschnitt beim Pfirsich (Hohlkrone).

Gute oder »wahre« Fruchttriebe. Diese tragen neben den Blattknospen auch an ihrer ganzen Länge bzw. in den beiden oberen Dritteln Blütenknospen, wobei meist zwei Blütenknospen links und rechts einer Blattknospe stehen. Dies sind die wichtigsten Triebe, sie bauen die Krone auf und bringen die schönsten Früchte (s. Abb. Seite 65).

Schlechte oder »falsche« Fruchttriebe. Schwache, dünne Triebe mit 1 bis 2 Blattknospen an der Basis und meist nur einer endständigen Triebknospe. Entlang des Triebes stehen nur Blütenknospen. Vergreiste Äste oder Bäume weisen oft solche schlechten Fruchttriebe auf. Ebenso gibt es schwache Triebe, die nur Blattknospen tra-

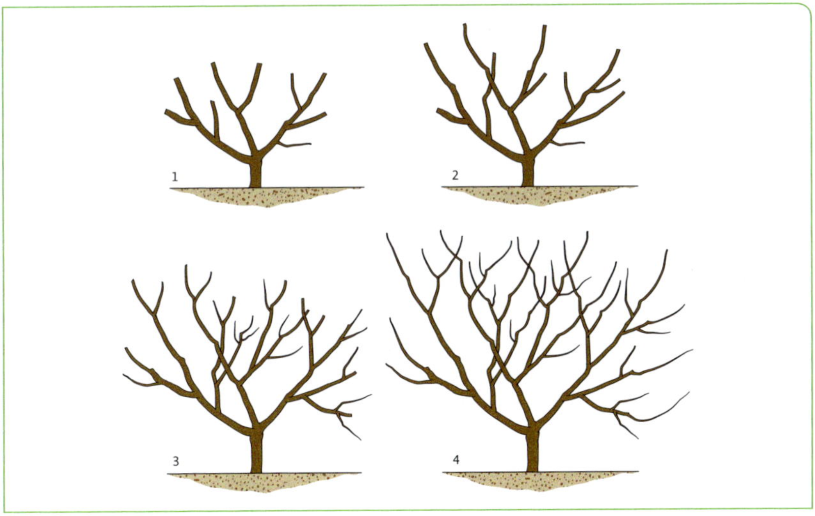

Aufbau einer Pfirsich-Hohlkrone.1 = Schnitt am Ende des 2. Standjahres, 2 = am Ende des 3. Standjahres, 3 = am Ende des 4. Standjahres, 4 = fertige Krone.

Pfirsichtriebe und Schnitt. Von links: Schlechter Fruchttrieb, überwiegend Blütenknospen. Austrieb ohne Schnitt, Trieb verkümmert. Guter Fruchttrieb mit Blatt- und Blütenknospen. Austrieb des ersten Triebes nach Anschnitt auf basale Triebknospen; Striche bedeuten Schnitt im nächsten Jahr. Vorzeitiger Seitentrieb und Rückschnitt. Bukettzweig bleibt stets ungeschnitten.

Fruchtholzerneuerung bei Pfirsich durch Wechselschnitt.

Knospenbildung an einem Pfirsichzweig.

gen, mit eventuell 1 bis 3 Blütenknospen an der Spitze.

Buketttriebe. Dies sind kurze Spieße mit mehreren Blütenknospen um die zentrale Triebknospe. Buketttriebe bleiben stets unbeschnitten.

Es gibt grundsätzlich zwei Auffassungen zum Pfirsichschnitt, den strengen (kurzen) und den langen Fruchtholzschnitt. Beim strengen (kurzen) Fruchtholzschnitt werden alljährlich die guten Fruchttriebe auf 3 bis 4 Augen eingekürzt, die schlechten entfernt oder auf die Basisaugen zurückgenommen. Die guten Fruchttriebe lichtet man natürlich aus, wenn sie zu dicht stehen. Dabei versucht man immer, auf stammnäheres Fruchtholz zurückzuverjüngen. Dieser Schnitt ergibt gedrungene, eher niedere Kronen, allerdings bei ungeheurem Schnittaufwand (s. Abb. Seite 64 oben).

Der lange Fruchtholzschnitt, wie er z. B. in Ungarn praktiziert wird, belässt die guten Fruchttriebe erheblich länger; sie werden nur etwa auf die Hälfte eingekürzt. Die schlechten Fruchttriebe bleiben unbehandelt, man muss aber die Früchte ausdünnen, da sich mehrere Früchte an diesen schwachen Trieben nicht optimal entwickeln können. Diese »Plantagenmethode« bringt frühere und höhere Ernten bei verhältnismäßig wenig Schnittarbeit. Die Bäume müssen aber viel früher und öfter verjüngt werden, d. h., auf starke, tieferstehende Triebe oder auf mesotone Austriebe zurückgenommen werden. Dies ist die natürlichere Methode, wenngleich beide Möglichkeiten zum Ziel führen.

Der »Winterschnitt« wird beim Pfirsich schon im Spätsommer gleich nach der Ernte durchgeführt oder erst im späteren Frühjahr vor dem Austrieb. Das Auslichten überflüssiger oder zu starker Jungtriebe in der Krone geschieht schon früh, wenn die Triebe noch weich und krautig sind. Gute Wundbehandlung ist oberstes Gebot! Die bei der Aprikose erwähnte Valsa-Krankheit kann auch beim Pfirsich verheerende Folgen haben.

Walnuss

Wenngleich Nussbäume im Kleingarten selten Platz finden, sei der Vollständigkeit halber auch diese Steinobstart kurz erläutert. Nüsse werden auch zum »Schalenobst« gezählt, weil das grüne Fruchtfleisch unbrauchbar ist und nur die Kerne als »Obst« gelten. Zur Pflanzung nehmen wir nur veredelte Nussbäume. Nur bei diesen ist die Qualität der Nüsse garantiert. Beliebt sind Veredlungen auf Schwarznuss, weil diese früher fruchten und in ihren Kronenausmaßen zumeist klei-

Nussbäume (Walnuss) bilden von Natur aus gleichmäßige Kronen, sodass ein Aufbauschnitt entfallen kann.

ner bleiben als Veredlungen auf Walnusssämlinge. Allerdings verlangt die Schwarznuss feuchtere Böden. Der junge Heister wird etwa 3 bis 4 Augen über der gewünschten Stammhöhe (1 bis 1,5 m) angeschnitten. Vorzeitige Seitentriebe können zum Kronenaufbau verwendet werden. Mehrjährig gepflanzte Bäume schneidet man als Pyramiden- oder Hohlkrone an, wobei Triebe unter 30 cm nicht geschnitten werden. Der weitere Kronenaufbau geschieht ohne Rückschnitt; man wird nur korrigierend eingreifen, wenn ein Ast das Übergewicht bekommt oder die Krone zu dicht wird.

Nussbäume verlängern ihre Äste vorwiegend durch Unterseitenförderung, d. h., Knospen der Triebunterseite treiben stark durch und übernehmen die Astverlängerung. Die Spitzenknospe ist zudem oft eine Fruchtknospe (Nüsse sind ausgesprochene Spitzenträger) und kommt daher bei mehrjährigen Bäumen für die Verlängerung nicht in Frage.

Nussbäume bilden breite und hohe Kronen, daran ändert auch ein Ableiten nicht viel. Solange die jungen Kronen noch sehr starke und lange Neutriebe bilden, können diese alljährlich um etwa ein Drittel eingekürzt werden. Duhan (Wien) empfiehlt sogar einen richtigen Aufbauschnitt der Krone wie beim Apfelbaum. Dies scheint jedoch kaum notwendig, weil Nussbäume auch von Natur aus gleichmäßige Kronen bilden. Auslichten ist allerdings auch bei Nüssen wichtig. Alle Schnittmaßnahmen führt man am besten im Juli–August durch, spätestens gleich nach der Ernte – keinesfalls aber zur Zeit der größten Winterkälte! Die markreichen, jungen Triebe wären sonst frostgefährdet. Auch im zeitigen Frühjahr sind Nüsse nicht zu schneiden, sie gehen schon Anfang März in Saft und bluten dann sehr.

Beerenobst

Die Beerenobstarten sind durchweg Sträucher, d. h. Gehölze, die sich vom Boden her oder von tieferstehenden Stammaustrieben laufend erneuern und verjüngen, während die alten Stämme vergreisen und absterben. Der Winterschnitt gestaltet sich daher viel einfacher als beim Baumobst.

Rote und Weiße Johannisbeeren

Bei dieser wohl häufigsten Beerenobstart sind Rote bzw. Weiße und Schwarze Johannisbeeren zu trennen, weil sie unterschiedliche Wuchseigenschaften zeigen.

Johannisbeere.

Wir pflanzen 3- bis 5-triebige Setzlinge, deren Triebe stark eingekürzt werden; weitere Triebe werden am Boden weggeschnitten. Die Sträucher werden 10 cm tiefer gepflanzt, um die basalen Austriebe zu begünstigen. Später lässt man weitere, starke Bodentriebe heranwachsen, sodass der fertige Strauch 7 bis 8 starke Stämmchen aufweist. Alle übrigen Bodentriebe werden entfernt.

Der Verlängerungstrieb wird bei stark wachsenden Sorten jeweils um die Hälfte eingekürzt. Auch sollten alljährlich die Seitenzweige auf 3 bis 5 Knospen zurückgenommen werden. Die Roten Johannisbeeren bilden ihre Blüten am 2- und mehrjährigen Holz, d. h. an Kurztrieben und Bukettzweigen sowie oft an der Spitze von Langtrieben. Diese Spitzenknospen werden beim Rückschnitt entfernt.

Ab dem 4. oder 5. Standjahr beginnt man, die ältesten Stämme (an ihrer schwarzen Rinde leicht zu erkennen) am Boden oder oberhalb starker Stammaustriebe zu entfernen. Die alten Stämme lassen im Trieb nach und bringen kleine Beeren an kurzen Trauben. Als Ersatz werden immer wieder Stammaustriebe oder Bodentriebe nachgezogen. Alle dünnen und schwachen Bodentriebe werden laufend entfernt, ebenso alle überzähligen, damit die Zahl von 8 bis maximal 10 Stämmen nicht überschritten wird.

Rote Johannisbeeren können auch als Hecke am Drahtgerüst erzogen werden. Dazu verteilt man die 3 bis 5 Jungtriebe bei der Pflanzung gleichmäßig am untersten Draht und schneidet sie leicht zurück. Der Fruchtholzschnitt sowie die laufende Verjüngung der Stämmchen geschehen wie oben beschrieben. Die Sträucher pflanzen wir auf 1 bis 1,2 m in der Reihe und entfernen laufend alle zu weit aus dem Rahmen herausragenden Zweige.

Halb- und Hochstämmchen

Im Kleingarten sind Stammbäumchen von Johannisbeeren sehr beliebt. Die Stämmchen sind dabei 40 bis 50 cm oder 80 bis 90 cm hoch. Die Unterlage bildet die Goldjohannisbeere (*Ribes aureum*), alle späteren Bodentriebe sind als »Wildlinge« daher zu entfernen. Vor der Pflanzung wird bereits ein dauerhafter Pfahl eingeschlagen, der durch die Krone hindurchgeht und an dem der Stamm, die Veredlungsstelle und später der »Mitteltrieb« angebunden werden.

Kronenbäumchen werden wie kleine Pyramiden erzogen, mit Mitteltrieb und 4 bis 5 Leittrieben. Die Verlängerungen werden alljährlich stärker angeschnitten als bei Sträuchern, um die sonst schwächere Triebkraft zu fördern. Das seitliche Fruchtholz schneidet man auf 3 Augen. Da keine Erneuerungstriebe aus dem Boden kommen können, müssen die Stämmchen ab dem 4. Jahr laufend durch basale, starke Austriebe über der Veredlungsstelle ersetzt werden. Alle schwachen und die Gesamtzahl von 6 Hauptästen übersteigende Anzahl von Basistrieben werden laufend entfernt. Muss der Mittelstamm wegen Überalterung ersetzt werden, wird die Krone an anderen, starken Leittrieben an den Pfahl gebunden. Das Baumband ist alljährlich zu kontrollieren und eventuell zu ersetzen, die Kronen brechen sonst bei Sturm und Fruchtbehang leicht ab.

Das alte Fruchtholz sollte bei Johannisbeeren entfernt werden, die jungen Fruchttriebe werden stehen gelassen.

Schwarze Johannisbeeren

Schwarze Johannisbeeren wachsen ganz anders als die Roten. Die Stämme sind steifer, die Blüten bilden sich sowohl an den 1-jährigen Langtrieben als auch an kurzen Fruchtsprossen am älteren Holz.

Nach dem Pflanzschnitt werden die Triebverlängerungen daher nicht mehr geschnitten. Sie fruchten oft an allen Knospen und bilden auch ohne Rückschnitt genug Kurztriebe. Wichtig ist das laufende Auslichten der Bodentriebe und der schwachen, hängenden Seitentriebe. Da sich die Schwarzen Johannisbeeren weniger dicht verzweigen, kann der fertige Strauch 7 bis 10 Stämme aufweisen.

Wie bei den Roten Johannisbeeren werden auch hier 4- bis 6-jährige Stämme laufend auf tiefer stehende, kräftige Seitentriebe oder, wenn diese fehlen, bis zum Boden zurückgeschnitten. Sie werden ersetzt, indem man jährlich 1 bis 2 kräftige Bodentriebe neu aufzieht. Diese kürzt man nach dem 1. Jahr, wenn sie sehr lang sind, bis zur Hälfte ein. Alle Stämme und Äste, die im Trieb nachlassen, werden sofort nach der Ernte bis auf kräftige, tiefere Austriebe zurückgenommen. Ebenso alle zu hoch gewordenen Stämme. Altes, triebschwaches Holz bringt nur kleine Beeren und kurze Trauben.

Ein längerer Schnitt der Leitastverlängerungen bringt bei Stachelbeeren mehr Früchte.

Auch Schwarze Johannisbeeren können am Drahtrahmen erzogen werden, obwohl dabei kein Vorteil zu sehen ist. Stammbäumchen sind möglich, ebenfalls aber ohne Vorteil und Bedeutung.

Stachelbeeren

Liebhaber von Stachelbeeren klagen immer über das dornige Zweiggewirr und das schwierige »In-Form-halten« der Sträucher. Darum sollten Stachelbeeren im Kleingarten stets als Kronenbäumchen erzogen werden. Die Krone kann dann nicht verunkrauten und ist auch bei Schnitt und Ernte viel leichter zu behandeln.

Stachelbeersträucher sind ähnlich zu erziehen und aufzubauen wie die (mit ihnen verwandten) Roten Johannisbeeren. Beim Pflanzschnitt kürzt man die Triebe auf 20 bis 30 cm ein. Der fertige Strauch sollte nicht mehr als 7 bis 8 Stämmchen haben und eine flach-pyramidale Krone aufweisen. Zu dichte Sträucher verkahlen innen und bilden kaum gute Bodentriebe. Diese werden aber später benötigt, wenn man die älteren, im Trieb nachlassenden Stämme ersetzen muss. Das Grundübel bei den Stachelbeeren sind zu dichte und dann schwer zu pflegende Sträucher. Also laufendes Auslichten, auch der Bodentriebe!

Die Leitastverlängerungen kürzt man jährlich um ein Drittel ihrer Länge ein, die Seitentriebe auf 3 bis 7 Augen. Längerer Schnitt bringt mehr Früchte, kürzerer Schnitt bringt größere

Naschen erlaubt.

Früchte. Vorzeitige Seitentriebe werden nicht geschnitten, sie tragen immer Blüten. Im Trieb nachlassende, überhängende Zweige verjüngt man an guten, oberen Austrieben. Mehltaubefallene (braunrostige) Triebspitzen werden immer entfernt.

Flache Hecken am Drahtgerüst kann man auch bei Stachelbeeren erziehen, wobei die Verlängerungstriebe schwächer, später auch gar nicht mehr angeschnitten werden müssen. Sonst bleibt der Schnitt gleich.

Stammkronen wachsen, wie auch bei den Johannisbeeren, deutlich schwächer als Sträucher. Sie sind deshalb unbedingt laufend zu verjüngen, damit sie gut in Trieb bleiben, wobei die älteren, schon triebschwächeren Zweige auf kräftige Austriebe zurückgeschnitten werden sollten.

Man bekommt auch bei Stachelbeeren Halb- und Hochstämmchen. Deren Kronen sind ebenso zu pflegen wie bei den Roten Johannisbeeren (s. Seite 68).

Ein gut erzogener Stachelbeerstrauch.

Himbeeren

Himbeeren und Brombeeren nehmen unter den Obstgehölzen eine Sonderstellung ein. Es sind Halbsträucher, deren Ruten im ersten Jahr wachsen, im zweiten Jahr blühen, fruchten und dann absterben. Der Schnitt dieser Sträucher ist dementsprechend einfach zu bewerkstelligen.

Die frisch gepflanzten Ruten werden auf 50 cm eingekürzt. Die aus dem Wurzelstock kommenden Jungtriebe bindet man am besten an einem Drahtrahmen auf. Im Herbst werden die alten Pflanzruten am Boden weggeschnitten, die neuen Triebe bleiben unbeschnitten; sie werden im nächsten Jahr blühen und die erste Ernte bringen. Während im Frühjahr wieder neue Triebe aus dem Boden sprießen, schneidet man die alten nach der Ernte am Boden weg.

Himbeeren.

In der Reihe belässt man nicht mehr als 10 bis 12 Ruten je laufendem Meter. Alle übrigen, vor allem die schwachen und außerhalb der Reihe sprießenden Triebe sind schon in jungem Zustand auszureißen. Es hat sich gezeigt, dass ein Zurückschneiden langer, einjähriger Ruten, wenn sie zu weit über den obersten Draht hinausreichen, im Frühjahr vorteilhaft ist. Man erntet größere Früchte, als wenn man die langen Triebe bogenförmig herunterbindet. Auf letztere Weise tragen sie zwar mehr, es wachsen aber kleinere Beeren.

Zweimal tragende Himbeersorten setzen an den Spitzen der neuen Ruten schon im gleichen Herbst Früchte an, die tieferen Partien blühen erst im 2. Jahr. Hier schneidet man ebenso die abgetragenen Ruten im Sommer am Boden weg und im Frühjahr die bereits abgetragenen Spitzen der einjährigen Triebe. Will man jedoch nur die Herbst-Ernteperiode ausnutzen, schneidet man im Winter alle Ruten am Boden weg – die neuen Triebe kommen dann kräftiger hervor (z. B. 'Zeva Herbsternte'). Sollte ein Frühjahrsfrost die jungen Bodentriebe schädigen, schneidet man sie am Boden weg. Es kommen bald neue Triebe, die noch gut heranwachsen und ausreifen.

Als Unterstützung für Himbeerhecken hat sich das Verspannen von 2 Drahtpaaren in 80 und 140 cm Höhe bewährt. Die Ruten werden in die

Drahtpaare gesteckt, durch Zusammenziehen des oberen Drahtpaares kann man die Ruten fixieren. Als Pflanzabstand wählt man 50 cm.

Brombeeren

Brombeeren wachsen viel stärker als Himbeeren. Man wählt daher einen Pflanzabstand von 3 bis 4 m in der Reihe. Hier bewährt sich ein Drahtgerüst mit 3 Spanndrähten in 60, 120 und 180 cm Höhe.

Der frisch gepflanzte Setzling bleibt unbeschnitten. Aus den Wurzelknospen treiben im ersten Jahr 1 bis 3 neue Ruten, die gut verteilt an den Drähten befestigt werden. Vorzeitige Triebe aus den Blattachseln werden im Sommer, wenn sie 30 cm lang sind, auf 2 bis 3 Augen eingekürzt. Im 2. Jahr sollten mehr Bodentriebe kommen, die man am Drahtgerüst verteilt. Vorzeitige Geiztriebe werden ab Juni auf 4 bis 5 Blätter eingekürzt. Die Triebe aus dem 1. Standjahr bringen nun die erste »Kostprobe« an Früchten. Im Spätwinter werden sie am Boden weggeschnitten. Man schneidet auch im Spätwinter die im Sommer eingekürzten Geiztriebe auf 1 bis 3 Augen zurück. Die Hauptruten selbst braucht man nur einzukürzen, wenn sie zurückgetrocknet oder zu lang sind.

In den Folgejahren wiederholt sich dieser Schnitt. Insgesamt sollen 4 bis 6 starke Ruten je Pflanze verbleiben, die übrigen Bodentriebe werden entfernt. Die Geiztriebe an den neuen Ruten kürzt man im Sommer wieder auf 4 bis 5 Blätter ein, im darauffolgenden Frühjahr werden sie auf 1 bis 3 Augen

Brombeeren.

nachgeschnitten. Sie bringen die nächste Ernte. Die abgetragenen Ruten schneidet man im Herbst am Boden ab, belässt sie aber als Frostschutz für die neuen Ruten mit den Blättern im Drahtgerüst. Im kommenden Frühjahr werden die alten, abgetragenen Triebe zerstückelt und aus dem Drahtrahmen herausgeholt.

Brombeeren können auch aufrecht erzogen werden (System Weinsberg). Man pflanzt die Sträucher auf 1,5 m in der Reihe und erzieht die Ruten senkrecht am Drahtgerüst wie die Himbeeren. Über dem höchsten Draht (1,8 m) schneidet man dann die Ruten ab. Behandlung der Geiztriebe wie oben beschrieben.

Von den dornenlosen Sorten haben sich ‘Thornfree’ und ‘Black Satin’, aber auch ‘Jumbo’ und ‘Nancy’ bewährt. Nicht zu empfehlen ist ‘Thornless Evergreen’, da bei ihr wieder Wurzelaustriebe mit Dornenbesatz erscheinen

Kulturheidelbeeren gedeihen auch im Kübel.

und die Früchte eher klein und säuerlich sind. Von den bestachelten Sorten ist 'Theodor Reimers' die am reichsten tragende und qualitativ beste.

Heidelbeeren

Kulturheidelbeeren gewinnen für den Kleingarten immer mehr an Bedeutung, zumal man sich leicht ein »Moorbeet« mit saurer Erde herstellen kann. Die Gartensorten sind mit unserer Waldheidelbeere verwandt, entstammen aber der großstrauchigen Art *Vaccinium corymbosum*. Die Sträucher erreichen bis zu 2 m Höhe, der Ertrag ist sehr hoch. Die Beeren haben aber einen farblosen Saft. Die jungen Sträucher brauchen anfangs nicht geschnitten zu werden. Ab dem 3. oder 4. Standjahr behandelt man sie ähnlich wie die Schwarzen Johannisbeeren, indem man schwächere, im Trieb nachlassende Stämme auf starke, junge Austriebe zurücksetzt. Da sich die Blütentrauben an der Spitze der 1-jährigen Triebe bilden, werden diese niemals zurückgeschnitten! Laufende Fruchtholzerneuerung ist aber notwendig. Die erwachsenen Sträucher sollten nicht mehr als 6 bis 8 kräftige Stämmchen haben.

Holunder

Der hohe, gesundheitliche Wert und die hohe Färbekraft der schwarzen Holunderbeeren haben die Nachfrage nach diesem Großstrauch für den Garten belebt, besonders seit Strauß und Novak (LFZ Klosterneuburg) nach langjähriger Versuchsarbeit großfruchtige und ertragreiche Selektionen (Sorten 'Haschberg', 'Donau') in den Handel gebracht haben.

Die Bäume werden am besten als Meterstämme erzogen und erhalten einen starken Baumpfahl. Die jungen Kronentriebe werden auf 2 Augenpaare zurückgeschnitten. Im Sommer entfernt man alle Austriebe am Stamm und an der Stammbasis. Im Spätherbst lichtet man die neuen Kronentriebe aus, sodass nur etwa 7 kräftige, aufrechte Ruten verbleiben. Im 2. Jahr entwickeln sich an diesen Ruten bereits Blütendolden, die sich durch die Fruchtlast bogenförmig herabbiegen. An der Basis der Fruchtäste entstehen im Kroneninneren neue, kräftige Triebe.

Nach der Ernte werden die alten Fruchtäste bis zu den neuen, basalen Austrieben zurückgeschnitten und die neuen Ruten wieder auf die stärksten und aufrecht stehenden ausgelichtet. Bei zu wenig Neutrieben können auch abgetragene Äste noch ein Jahr stehen bleiben, wenn man sie bis zu stärkeren Seitentrieben zurücknimmt.

Ältere Baumkronen dürfen aus 15 bis 25 kräftigen Neutrieben bestehen. Darüber hinaus werden alle Ruten wie auch alle abgeernteten Zweige entfernt. Der Wegschnitt der Fruchtäste kann auch schon bei der Ernte erfolgen, indem man die ganzen Fruchtbögen herunterschneidet und erst am Boden aberntet.

Durch dieses Zweiphasen-System des Schnittes bleibt die Krone immer in Grenzen und stark im Trieb. Es garantiert zudem immer große, volle Fruchtdolden.

Weinreben

Im heimischen Kleingarten fehlt auch selten ein Weinstock, sofern das Klima es erlaubt. Wir erziehen diesen als Wandspalier oder als Laube. Die Stammhöhe richtet sich nach unseren Gegebenheiten und sollte 40 bis 80 cm betragen.

Bei der Pflanzung wird die Rebe auf zwei Augen zurückgeschnitten und mit lockerer Erde überhäufelt. Nach dem Durchtrieb belässt man nur den stärkeren Trieb und leitet diesen an einem Stecken auf. Im 2. Jahr schneidet man die Stammhöhe an und bildet aus den beiden obersten Austrieben die Schenkel des Kordons. Dazu heftet man die Triebe links und rechts schräg aufwärts an, da beim Waagrechtbinden die jungen Triebe leicht brechen. Die übrigen Neutriebe werden ausgebrochen (s. Abb. unten). Hat sich das Stämmchen im ersten Jahr stark entwickelt, kann es im 2. Jahr auch schon

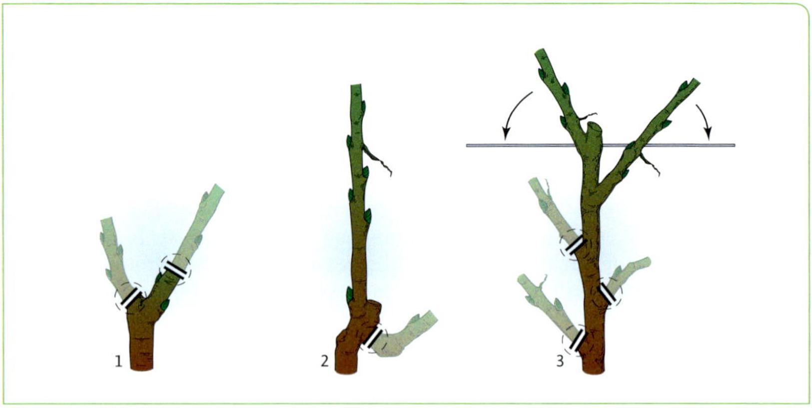

Schnitt der Jungreben. 1 = Pflanzschnitt, 2 = Stammerziehung, 3 = Kordonbildung.

Doppeltriebe (Unterseite) werden im Frühjahr ausgebrochen.

Der richtige Schnitt bringt schöne Früchte.

länger belassen werden und als Kordonarm am untersten Draht mit 4 bis 6 Augen waagrecht gebunden werden. Den 2. Kordonarm erzieht man dann aus einem Geiztrieb unterhalb der Biegungsstelle und heftet ihn nach dem Verholzen ebenfalls waagrecht nach der anderen Seite. Ist das Stämmchen aber im ersten Jahr sehr schwach geblieben, schneidet man es stärker zurück und erzielt erst im 2. Jahr die gewünschte Stammhöhe. Dann behandelt man den Stock, wie oben beschrieben.

Im 3. Jahr kürzt man die beiden Schenkel auf 4 bis 6 Augen ein und bindet sie waagrecht. Konnten die beiden Kordonarme, wie oben beschrieben, schon im 2. Jahr erzogen werden, überspringt man ein Jahr. Nach dem Austrieb belässt man wieder nur die besten Triebe, die zumeist schon Blüten ansetzen, und jätet alle schwachen und stammbürtigen Triebe aus. Die Weinreben blühen in der Regel nur an Jungtrieben aus dem 1-jährigen Holz, das aus 2-jährigem Holz entsprang! Stammbürtige oder »Hirntriebe« blühen fast nie.

Im 4. Jahr wird der Spitzentrieb zum Aufbau der Hecke oder des Spaliers länger belassen, etwa 6 bis 8 Augen, und in die gewünschte Lage geheftet, am besten waagrecht. Von den übrigen Austrieben werden die schwachen ganz entfernt oder auf ein Auge geschnitten, die starken schneidet man auf Zapfen, d. h. auf 2 gut entwickelte Augen, die schwachen Basisaugen (»Kotaugen«) nichtgerechnet. Daraufhin wird der Langtrieb vor allem im Spitzenbereich durchtreiben, die Zapfen werden je 2 neue Triebe bringen.

Alle schwachen Triebe bricht man wieder aus.

Im 5. Jahr beginnt der eigentliche Wechselschnitt, der weiterhin beibehalten wird. Nun schneidet man von den beiden Ruten an den Zapfen jeweils die obere weg, die untere, also näher beim Stamm stehende, wieder auf 2 Augen. Bei Sorten, die besser am längeren Holz tragen, wie 'Gutedel', 'Perle von Czaba', 'Königin der Weingärten' u. a., belässt man dem Zapfen auch 3 bis 4 Augen. Von den Spitzentrieben des Verlängerungstriebes wird wieder der stärkste (meist der Gipfeltrieb) zum Weiterbau des Spaliers auf 6 bis 8 Augen eingekürzt, die anderen guten Triebe werden die neuen Zapfen, deren Austriebe im Jahr darauf bis auf einen starken, stammnahen Trieb entfernt werden. Dieser wird dann wieder der neue Zapfen. So baut sich das Spalier auf und erhält immer mehr Zapfen, die zeitlebens dem

Schnitt der Weinrebe. 1 = Anschnitt des Kordonarmes, 2 = Zapfenschnitt, 3 = Wechselschnitt der Zapfen.

Wechselschnitt unterliegen (s. Abb. Seite 78).

Treibt einmal ein Zapfen nur schwach aus, lässt man in der Nähe einen starken Austrieb aus dem Kordonarm stehen und schneidet ihn im Jahr darauf als neuen Zapfen an, während der schwache mit all seinen Ruten entfernt wird. Also auch hier Fruchtholzverjüngung, wenn es notwendig erscheint!

An starkwüchsigen Reben kann anstelle einiger Zapfen auch ein »Strecker« mit 8 bis 10 Augen belassen werden, er muss jedoch dann tief herabgebunden werden. Die austreibenden Augen werden fruchten. Oben, an der Biegungsstelle leitet man den besten Trieb auf, der im nächsten Jahr als neuer Strecker herabgebunden wird. Der gesamte, alte Strecker wird dann weggeschnitten.

Wichtig ist bei der Weinrebe, dass sie nie zu dicht und durch ein Gewirr schwacher und unfruchtbarer Ruten geschwächt wird. Aber auch die starken Triebe müssen in Grenzen gehalten werden, wenngleich die Versuchung möglicherweise groß ist, alle starken Ruten anzuschneiden. Die Folge davon wäre eine baldige Erschöpfung des Weinstockes, ein Nachlassen der Triebkraft und die Ausbildung kleiner Trauben.

Schnitt von Ziergehölzen

Was es beim Schnitt von Laub- und Nadelgehölze, Rosen und Hecken zu beachten gibt, erfahren Sie im nächsten Abschnitt.

Ziergehölze

Wie schon eingangs erwähnt, sollen Ziergehölze, um den natürlichen, oft anmutigen Kronenaufbau nicht zu zerstören, nur geschnitten werden, wenn unbedingt notwendig. Diese Schnittmaßnahmen verlangen daher ein gewisses Einfühlungsvermögen in das Leben der Gehölze. Es können niemals alle Gehölze nach dem gleichen Schema geschnitten werden. Es ist aber genauso falsch, nie zu schneiden.

Wann sind nun Schnittmaßnahmen bei Ziergehölzen notwendig, um eine optimale Entwicklung und größtmöglichen Blütenreichtum zu erzielen? Neben dem Pflanzschnitt und einem gewissen Aufbauschnitt an Zierbäumen sind vor allem die natürlich auftretenden Absterbeerscheinungen an älteren Strauchteilen und Baumästen sowie durch Frost, Wind- und Schneebrüche verunzierte Äste und Triebe zu entfernen.

Weiter gibt es eine Anzahl von Sträuchern, deren Trieb- und Blühwilligkeit mit den Jahren nachlässt, während junge Stämme, die aus der Basis oder aus alten Stämmen sprießen, kräftig treiben und blühen. Hier wird man zweckmäßig das alte Holz zugunsten der kräftigen Neutriebe herausnehmen.

Ferner sind verschiedene Gehölze bei uns nicht ganz winterhart, sodass die oberen Stammteile und Zweige regelmäßig erfrieren, während die basalen Stammteile alljährlich wieder austreiben und reiche Blüte bringen. Es sind zumeist Sommerblüher, die man im Frühjahr vor dem Austrieb streng zurückschneidet (Sommerflieder, Säckelblume, Silberstrauch).

Wenn Sträucher zu groß oder unten kahl werden, kann man sie auf jüngere, kräftige Äste oder Stämme zurücksetzen (verjüngen). Ansonsten aber sollte jeder Schnitt nur eine Korrektur sein, um unschönen Wuchs zu verbessern, zu starken Wuchs zu bremsen oder die Blühwilligkeit zu steigern.

Pflanzschnitt

Sommergrüne Laubgehölze, die man in der Baumschule ohne Erdballen kauft, sind bei der Pflanzung meist zurückzuschneiden, um den Wurzelverlust auszugleichen und um bei Sträuchern eine tief angesetzte Verzweigung zu erzielen. Dabei werden die Obstverwandten, d. h. Zieräpfel, Zierpflaumen, Zierkirschen ebenso behandelt wie die entsprechenden Obstbäume und als regelmäßige oder unregelmäßige Pyramide erzogen. Keines Pflanzschnittes bedürfen dicktriebige Arten wie Aralien, Essigbaum oder Rosskastanien. Man vermeidet auch, Arten mit sehr großen Endknospen einzukürzen, weil diese den besten Austrieb gewährleisten (Rosskastanien, Ebereschen,

Eschen, auch Eichen u. a.). Bei Fliedersträuchern bricht man die Blütenknospen aus.

Ballenpflanzen werden nicht zurückgeschnitten, höchstens ausgelichtet, es sei denn, der Ballen ist sehr klein oder trocken (Magnolien, Zaubernuss, Scheinhasel, Seidelbast, Azaleen und viele andere). Werden Sommerblüher mit Ballen geliefert, z. B. Eibisch, Bartblume usw., sind sie trotzdem zurückzuschneiden (s. Seite 90).

Werden ältere Sträucher verpflanzt, z. B. im eigenen Garten, ist ein Rückschnitt schon wegen des großen Wurzelverlustes nötig; vor allem dann, wenn eine exakte Ballierung nicht möglich ist und der Wurzelballen nur mit der eben anhaftenden Erde verpflanzt wird. Man wird auslichten, durch Ableiten verjüngen, manchmal auch direkt zurückschneiden.

Immergrüne Laubgehölze und Nadelgehölze, die immer mit Ballen geliefert werden, erfahren keinerlei Pflanzschnitt!

Aufbauschnitt an Zierbäumen

Der Aufbauschnitt an Zierbäumen ist im Allgemeinen identisch mit dem der Obstgehölze. Wir erziehen zumeist Rundkronen in mehr oder weniger pyramidaler Form. Die Aufbauphase ist jedoch bedeutend kürzer. Sobald der Baum ein lockeres Grundgerüst gebildet hat, soll er so natürlich wie mög-

Azalee mit Potenzial für weiteres Auslichten aus der Mitte heraus.

lich weiterwachsen. Dabei kann die Krone viel dichter werden als beim Obst, denn es muss keine hohe Fruchtqualität erzeugt werden. Hauptsache ist, die Pflanzen wachsen gut und blühen schön!

Ziersträucher

Voraussetzungen

Für den Schnitt ist der Zeitpunkt der Blütenanlage und der Blüte beim jeweiligen Gehölz ausschlaggebend. Grundsätzlich unterscheiden wir zwischen Frühjahrs- und Sommerblühern. Die Frühjahrsblüher bilden ihre Blüten an der Spitze oder entlang der Vorjahrstriebe, die Sommerblüher an der Spitze oder entlang der im gleichen Jahr gewachsenen Neutriebe. Die Frühsommerblüher blühen an kleinen, diesjährigen Kurztrieben entlang der einjährigen Ruten (s. Abb. unten).

Schnitt der Frühjahrsblüher

Da diese Sträucher ihre Blüten am einjährigen Holz entwickeln, dürfen wir sie natürlich nicht im Winter oder im Frühjahr vor der Blüte schneiden – wir würden so die ganze Blütenpracht vernichten! Wenn ein Schnitt nötig sein sollte, beispielsweise um den üppigen Wuchs zu bremsen (Goldglöckchen) oder dem raschen Vergreisen des Holzes vorzubeugen (Mandelröschen), ist dieser stets sofort nach der Blüte durchzuführen.

Forsythien. Bei Forsythien (Goldglöckchen) nimmt man die stärksten Langtriebe bis zu basalen Neutrieben zurück, schwächere Langtriebe bleiben unbeschnitten, zumal die Ruten im 2. Jahr noch viel schöner blühen. Manche Forsythiensorten blühen überhaupt erst an den Seitenzweigen der 2-jährigen Ruten, die vor allem in der oberen Hälfte ungeschnittener, 1-jähriger Ruten entstehen.

Hier werden also erst die 2-jährigen, abgeblühten Zweige auf basale

Blütenbildung bei Frühjahrsblühern. 1 = entlang der Vorjahrstriebe, 2 = an kurzen Neutrieben des vorjährigen Holzes, 3 = an Kurztrieben des älteren Holzes.

Blütenbildung bei Sommerblühern. 1 = am Ende der diesjährigen Neutriebe, 2 = entlang der diesjährigen Neutriebe.

Rückschnitt nach der Blüte beim Mandelröschen.

Austriebe zurückgesetzt, z. B. bei 'Lynwood Gold'.

Mandelröschen (Röschenmandel, *Prunus triloba*) sollten wir alljährlich sofort nach der Blüte bis auf die untersten Neutriebe an den 1-jährigen Ruten zurückschneiden. Dieser Strauch vergreist sonst schnell und ist dann auch kurzlebig. Die basalen Neutriebe aber wachsen wieder zu starken Ruten heran, die sich reich mit Blütenknospen garnieren (s. Abb. oben).

Flieder. Schwierig ist der Schnitt beim Flieder. Er blüht aus den obersten Knospenpaaren der vorjährigen Triebe. Zugleich mit der Blüte entstehen jedoch knapp unterhalb der Blütenrispen die stärksten Neutriebe, die an ihren Endknospen wieder die Blütenanlagen für das nächste Jahr ausbilden. Würde man also beim Flieder nach der Blüte die Triebe zurückschneiden, würden tieferstehende, schwache Augen austreiben, die bei der kurzen Wachstumsperiode des Flieders keine Blütenknospen mehr ansetzen könnten. Folglich darf man also beim Flieder nur ein paar (möglichst überflüssige) Zweige für die Vase schneiden.

Beim Flieder werden nur die abgeblühten Rispen entfernt.

Verjüngung des Flieders.

Ansonsten werden nur die abgeblühten Rispen entfernt, ohne die darunterstehenden Neutriebe zu beschädigen. Werden die Sträucher zu groß, hilft nur ein etappenweises Verjüngen im Winter, am besten auf junge Stammaustriebe oder auf kräftige Stammknospen (s. Seite 90 und Abb. oben).

In den Gärtnereien werden knapp nach oder vielfach noch während der Blüte alle einjährigen Triebe bis auf kurze Stummel zurückgeschnitten. Daraufhin treiben die Basisaugen stark durch, und es entstehen trotzdem noch kräftige Blütentriebe für das nächste Jahr. Dies setzt aber offenen Boden und beste Ernährung voraus. Wichtig ist dabei, dass alle Triebe eingekürzt werden, weil sonst nur die unbeschnittenen neue Blütenzweige erzeugen würden, während die zurückgeschnittenen nur schwache Neutriebe ohne Blütenknospen bilden könnten.

Robinie. Ein anderer Sonderfall ist die »Rosenakazie«, *Robinia hispida*. Dieser, meist auf *Robinia pseudoacacia* veredelte Strauch hat extrem sprödes, brüchiges Holz und bringt an den langen, borstigen Ruten überreich große, schwere Blütentrauben. Bei Regenwetter werden die Zweige so schwer, dass viele brechen. Wir können nur so vorbeugen, dass wir unter Verzicht auf einen Teil der Blüten, die längeren Ruten schon vor dem Austrieb auf die Hälfte einkürzen. Wurzelechte Pflanzen sind bruchfester und bedürfen keines Schnittes.

Blutjohannisbeere. Sie ist so zu behandeln wie die Schwarze Johannisbeere (s. Seite 69). Ihre Blüten stehen an 1-jährigen Langtrieben und an

Verjüngung der Blutjohannisbeere.

Kurztrieben. Laufendes Zurücksetzen älterer Stämme auf kräftige Jungtriebe nach der Blüte ist notwendig (s. Abb. links oben).

Blauregen. Als letzter Sonderfall sei noch der Blauregen oder die Glycine (*Wisteria*) genannt. Hier warten wir mit dem Winterschnitt so lange, bis die dicken Blütenknospen deutlich zu erkennen sind. Diese stehen vorwiegend an der Basis der Langtriebe und an Kurztrieben. Wir schneiden alle Langtriebe, die nicht zum weiteren Aufbau der Krone oder der Hecke gebraucht und daher länger belassen werden, auf 2 bis 3 Augen oberhalb der letzten, basalen Blütenknospe zurück. Auf die meist wenigen, in höhe-

Frühjahrsschnitt beim Sommerflieder.

Mandelröschen (Prunus ***triloba****).*

ren Zonen der Vorjahrstriebe stehenden Blütenknospen können wir verzichten. Im August werden die Langtriebe erneut wieder stark eingekürzt und die Austriebe im Frühjahr bis auf den untersten weggeschnitten. Der unterste Trieb wird behandelt wie oben beschrieben. Bei dieser Schnittbehandlung können Glycinen sogar auch als Kronenbäumchen erzogen werden.

Manche Frühjahrsblüher, die sowohl an Langtrieben als auch an Kurztrieben blühen, könnte man sogar für geschnittene Hecken verwenden; natürlich ist dann die Blüte nicht so üppig (Goldglöckchen, Obstverwandte, s. Seite 99).

Andere Frühlingsblüher entwickeln ihre Blüten vorwiegend an 2- und mehrjährigen Kurztrieben (Zieräpfel, Zierquitten, Zierkirschen, Kornelkirsche). Man könnte die 1-jährigen Ruten im Winter auf schwache, unterste Augen einkürzen oder auf blühfähige Seitenzweige ableiten. So hält man den Strauch besser »in Grenzen«.

Die allermeisten Frühlingsblüher werden jedoch überhaupt nie zurückgeschnitten, wie etwa Schneebälle, Schneeglöckchenstrauch, Magnolien, Zaubernuss, Scheinhasel, Gewürzstrauch, Zierkirschen und viele andere. Man wird nur auslichten und ältere Stämme sowie Zweige verjüngen (s. Seite 92, 93).

Schmetterlingsstrauch nach dem Schnitt.

Frühjahrsschnitt beim Silberstrauch.

Schnittmaßnahmen an Frühsommerblühern

Frühsommerblüher bilden ihre Blütenstände an kleinen Kurztrieben, die entlang der vorjährigen Ruten entstehen (Weigelie, Deutzie, Pfeifenstrauch). Wenn diese Pflanzen zurückgeschnitten werden müssen, kann das nicht mehr nach der Blüte geschehen. Die Folge wäre, dass der Neutrieb zu spät käme und zu schwach bliebe. Den Sträuchern würde es an Triebkraft und Blühwilligkeit mangeln. Am besten schneidet man gar nicht zurück, sondern verjüngt die Sträucher alle paar Jahre etappenweise im Winter auf starke, jüngere Seitentriebe aus den Stämmen bzw. aus der Basis.

Schnitt der Sommer- und Herbstblüher

Diese Gehölze bilden ihre Blüten an der Spitze (Sommerflieder, Rispenhortensie, Trompetenstrauch) oder entlang der diesjährigen Neutriebe aus (Syrischer Eibisch, Bartblume). Sofern es sich um Sträucher handelt (sommerblühende Bäume werden natürlich nicht zurückgeschnitten!), sind die einjährigen Rutenzweige im zeitigen Frühjahr auf wenige, basale Augen zurückzuschneiden. Je stärker der Rückschnitt durchgeführt wird, umso kräftiger werden die neuen Triebe kommen und umso schöner werden diese Gehölze im Sommer blühen (s. Abb. Seite 87 unten).

Oft sind wir bei diesen Gehölzen ohnehin gezwungen, die 1-jährigen Ruten stark einzukürzen, wenn sie in strengen Wintern erfroren sind (Sommerflieder, Säckelblume, Silberstrauch, Keuschbaum). Aber auch ohne Frostschäden ist ein Rückschnitt günstig. Die Sträucher bleiben kompakt und werden nie zu groß, wie das z. B. beim Sommerflieder geschehen kann. Dieser wächst nach milden Wintern ohne Schnitt zu mächtigen Sträuchern heran, die im nächsten oder übernächsten Winter doch wieder bis zum Boden erfrieren. Wenn wir sie dann absägen müssen, treiben sie oft nur ungern oder schwach wieder aus.

Immergrüne Laubgehölze

Immergrüne Laubgehölze erfordern, von gelegentlichem Auslichten abgesehen, grundsätzlich keinen Schnitt. Daneben gibt es einige Ausnahmen. Beim »In-Form-Halten« zu sparrig wachsender Feuerdorn-Sträucher leitet man die langen Endtriebe auf Seitenzweige ab. Beim Schnitt von Fruchtzweigen für die Vase lichtet man die Sträucher gleich etwas aus.

Rhododendron werden verjüngt, wenn sie zu groß werden oder zu flattrig wachsen. Man kann im Spätwinter ohne Weiteres ins alte Holz hineinschneiden, obwohl man kaum Knospen sieht. Zu beachten ist nur, dass der Schnitt immer über der Basis eines Jahreszuwachses ausgeführt wird, dort stehen quirlförmig viele Knospen.

Heidekrautbüsche kann man durch »Abmähen« niedrig halten, wobei man die Schneeheide (*Erica*) nach der Blüte, die Besenheide (*Calluna*) im Frühjahr stutzt. Dabei müssen immer ausreichend beblätterte, vorjährige Sprossteile übrig bleiben.

Schließlich vertragen Buchsbaum oder die immergrünen Geißblätter wie *Lonicera pileata* und *Lonicera nitida* jeden Schnitt, sogar den strengen Heckenschnitt (s. Seite 99).

Nadelgehölze

Bei diesen Pflanzen vermeiden wir jeden Schnitt, wir würden damit nur den oft symmetrischen und wunderschönen Wuchs beeinträchtigen!

Abgesehen von den streng geschnittenen Hecken aus Eiben, Fichten oder Lebensbäumen (s. Seite 99) wird bei Nadelgehölzen nur ein Auslichten kranker oder abgestorbener Zweige nötig sein. Sogar das Schneiden von Zweigen für die Vase sollte unterbleiben.

Aber keine Regel ohne Ausnahmen. Hier sind die Latschen zu erwähnen, die Kriechkiefern unserer Alpen. Da diese im Garten meist zu groß werden, behilft man sich mit einem Trick: Wenn im Frühjahr die jungen Triebe (»Kerzen«) beginnen, die Nadeln zu schieben, kürzt man sie um die Hälfte oder zwei Drittel ein. Abbrechen ist hierbei die bessere Wahl als schneiden, weil dadurch die obersten Nadeln nicht gestutzt werden und man später den Eingriff nicht sieht. Durch diesen Rückschnitt bilden sich die winzigen, in den Nadelscheiden angelegten Kurztriebknospen zu Triebknospen aus und es entstehen mehr Triebknospen, als am natürlichen Triebende entstanden wären. Bei alljährlicher Behandlung erzielt man so dichte Polsterpflanzen. Natürlich kann man alljährlich auch nur die stärksten Kerzen einkürzen, dann ist die Wuchsbremse eben dementsprechend geringer. Wichtig ist nur, dass am verbleibenden Teil der gekürzten Triebe noch Nadelansätze vorhanden sind, sonst würden die Triebe absterben (s. Abb. unten).

Wacholderarten, die zu breit und ausladend werden ('Pfitzeriana', 'Het-

Pinus mungo 'Mops': Durch Rückschnitt der Triebe lässt sich eine noch stärkere Kissenbildung erlangen.

zii' oder *Juniperus procumbens*) kann man durch geschicktes Zurücknehmen der langen Zweige an Verzweigungsstellen im Zaum halten, ohne dass man es später bemerkt. Niemals darf man »stutzen«. Die ganze Schönheit und Eleganz des Strauches wäre dann verdorben!

Erhaltungsschnitt an Bäumen und Sträuchern

Zierbäume und Sträucher, die nicht mit Blüten prunken, sind einfach durch fallweises Auslichten in Form zu halten. Bei den Blütensträuchern sollten wir mitunter für Blühholz-Verjüngung sorgen, indem, wie schon öfter erwähnt, ältere, im Trieb nachlassende Stämme und Zweige auf jüngere Austriebe zurückgenommen werden. Bei den Sträuchern ist auch darauf zu achten, dass nicht zu viele Bodentriebe ein Dickicht schaffen. Hier sind alle schwachen und überzähligen Triebe stets zu entfernen. Ebenso wird man alte, schwachtriebige Stämmchen zugunsten jüngerer ganz herausnehmen (s. Abb. unten, Seite 93).

Der Erhaltungsschnitt darf nie die arteigene Wuchsform zerstören! Er sollte vielmehr immer so ausgeführt werden, dass der Eingriff nicht sichtbar wird. Der naturgemäße Aufbau darf nur in der Weise korrigiert werden, dass man totes oder krankes Holz entfernt, zu dichte oder sich kreuzende Äste herausnimmt oder auch einen einseitigen, übermäßig starken Durchtrieb zurücksetzt. Wir dürfen den natürlichen Wuchs nicht verändern oder entstellen, sondern nur »idealisieren«, d. h. mit Gefühl verbessern! Dabei sind die Schnitte immer sauber und auf Astring auszuführen. Es dürfen keine Stummel bleiben, die dann wieder »wild« durchtreiben oder zurücktrocknen und Krankheiten begünstigen (s. Abb. Seite 93).

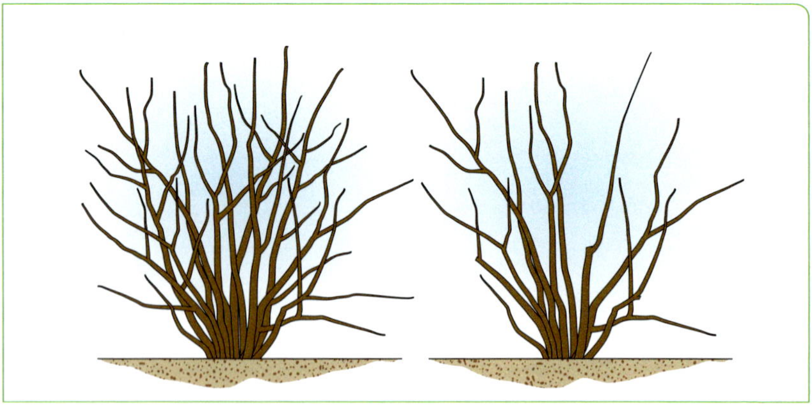

Entwickeln Sträucher sehr viele Jungtriebe, werden beim Auslichtungsschnitt einige entfernt.

Verjüngen von Laubgehölzen

Viele Ziergehölze, die zu groß oder in den unteren Kronenteilen kahl geworden sind, können mit Erfolg verjüngt werden. Dies wird eher weniger bei Bäumen (ausgenommen Trauerweiden), als vielmehr bei Sträuchern notwendig werden. Verjüngungen werden grundsätzlich immer im Winter durchgeführt, ehe die Gehölze in Saft gehen (s. Abb. Seite 94).

Hierbei gibt es zwei Möglichkeiten: Entweder wir kappen alle Stämme 30 bis 40 cm über dem Boden und erwarten einen starken Durchtrieb der Stümpfe, wobei es natürlich im Folgejahr keine Blüten gibt. Oder wir verjüngen in Etappen, verteilt auf 2 oder 3 Jahre. Das hat den Vorteil, dass die Verjüngung weniger auffällig ist und die Sträucher weiterhin blühen. Es kann aber auch den Nachteil haben, dass der Austrieb schwach bleibt, weil die verbliebenen Stämme die ganze Wuchskraft für sich beanspruchen. Daher müssen wir bei der etappenweisen Verjüngung höher anschneiden, damit der Stumpf genügend Saftzug behält. Nicht alle Gehölze vertragen jedoch eine radikale Verjüngungskur! Goldregen, Schneeglöckchenstrauch (*Halesia*) oder Prachtspiere (*Exochorda*) können absterben, ohne durchzutreiben. Man darf nur die Stämme auf tieferstehende Stammaustriebe oder Seitenzweige zurücknehmen.

Bei zu dichten Sträuchern, die unten noch nicht verkahlt sind, nimmt man nur die ältesten Stämme ganz heraus. Bei mesoton veranlagten Gehölzen, die also vorwiegend aus den mittleren Stammteilen neu austreiben (z. B. Deutzien, Pfeifenstrauch), werden wir dort verjüngen, wo schon starke Neutriebe oder Knospen vorhanden sind. Ebenso können wir beim Flieder auf vorgebildete, dicke Stammknospen zurückschneiden, ohne diese zu beschädigen. Sie garantieren immer einen guten Neuaustrieb.

Nach der Verjüngung entstehen meist viel zu viele Neutriebe. Sie verbleiben im ersten Jahr, sind im kommenden Winter aber entsprechend auszulichten. Alle schwachen Triebe werden ganz entfernt, die starken werden vereinzelt, falls es zu viele sind. Dann schneiden wir die äußeren Triebe auf die Hälfte zurück, die weiter innen stehenden um ein Drittel, die innersten bleiben unbeschnitten. So bilden wir den Grundstock für einen wieder natürlich aufgebauten, »neuen« Strauch. Mit etwas Einfühlungsvermö-

Schnitt der Zierhimbeere.

gen wird das ohne Schwierigkeiten gelingen.

Die Zierhimbeere ist wie Himbeeren zu behandeln: Die abgeblühten Stämmchen werden im Herbst oder Frühjahr entfernt, die neuen Ruten bleiben unbeschnitten. Diese bringen im folgenden Jahr die Blüten.

Eine Verjüngung kann auch bei Bäumen notwendig werden, z. B. nach Schnee- oder Windbruch, wenn sie umveredelt werden sollen oder auch, weil sie einfach zu mächtig wurden für unseren Garten. Dies kommt häufig bei Trauerweiden vor. Die Kronen sind dann in einem, der natürlichen Kronenform entsprechenden Winkel »abzuwerfen«. Bei älteren Bäumen muss man einige »Zugäste« im unteren Kronenbereich stehen lassen.

Im ersten Jahr belässt man alle Austriebe, die aufgrund der Verjüngung aus Stamm und Ästen kommen, um dem Baum genügend Blätter zur Ernährung des Stammgerüstes zu erhalten. Erst im darauffolgenden Winter lichten wir dann aus und kürzen zu starke Triebe eventuell ebenfalls ein, immer im Hinblick auf eine künftige, der Gehölzart entsprechende Kronenform. Auch in den nächsten Folgejahren wird noch Verschiedenes zu korrigieren sein. Es werden Stammaustriebe zu entfernen sein, und zwar so lange, bis der Baum wieder ein »vernünftiges« Aussehen hat.

Verjüngungsschnitt an einer Zierweide.

Rosen

Rosen sind die weitaus bekanntesten Blütensträucher. Sie bilden ihre Blüten am Ende von diesjährigen Lang- oder Kurztrieben. Die schönsten Blütenstände entspringen dabei zumeist dem 1-jährigen Holz. Deshalb sollte man, außer bei Wildrosen, altes Holz immer wieder auf kräftige, junge Ruten zurücksetzen.

Rosen lassen sich auf verschiedene Arten erziehen.

Alle Rosen erhalten bei der Pflanzung einen kräftigen Rückschnitt, wobei die starken Triebe auf 3 bis 5 Augen eingekürzt, die schwachen jedoch ganz entfernt werden. Beim Schnitt belässt man einen kleinen Stummel über dem obersten Auge, weil das weiche, markreiche Holz leicht zurücktrocknet. Rosen sind Tiefwurzler und bilden nur wenige, lange Wurzeln aus. Diese werden bei der Pflanzung ebenfalls eingekürzt (etwa auf die Hälfte) und in der Pflanzgrube gleichmäßig verteilt.

Beetrosen

Als Beetrosen bezeichnet man alle Teehybriden, Polyantha- und Floribunda-Rosen. Sie werden als kleine Sträucher erzogen und alljährlich stark zurückgeschnitten. Verschiedene Sorten kann man auch zu größeren Sträuchern heranziehen, wenn der Platz dies erlaubt. Frostempfindliche Sorten schneidet man immer stark zurück. Im Herbst, nach der Blüte kann man die Triebe auf die Hälfte einkürzen, um die Schneebruchgefahr zu vermindern.

Im Frühjahr, nach den letzten Frösten, schneiden wir, nachdem Verzweigungen und Vergabelungen ausgelich-

Schnitt der Beetrosen.

tet wurden, alle starken Triebe auf 3 bis 8 Augen zurück. Starke, lange Triebe lässt man länger (8 Augen), wenn die Sträucher größer werden dürfen, oder man kürzt sie stärker ein (3 bis 5 Augen), wenn die Pflanzen niedriger bleiben sollen. Auch schwächere Triebe kürzt man stärker ein, schwache werden ganz entfernt. Erfrorene oder kranke Triebe nimmt man stets bis zu einem tieferen, gesunden Trieb zurück (s. Abb. oben).

Zwergrosen, auch Zwerg-Bengalrosen genannt, zählen eigentlich auch zu den Beetrosen. Ihrer Kleinheit wegen pflanzt man immer mehrere zusammen. Wer es genau nimmt, kann sie ebenso schneiden, wie oben beschrieben. Im Grunde genügt es jedoch, diese wie ein »Grasbüschel« abzuschneiden. Alte und abgestorbene Stämmchen sollten allerdings entfernt werden.

Kronenbäumchen

Hochstammrosen wurden in Kronenhöhe mit der Edelsorte veredelt. Alle Stamm- und Bodentriebe sind daher »Wildlinge« und müssen entfernt werden. Die Kronentriebe sind ebenso zu schneiden wie bei den Beetrosen, allerdings mit kurzem Schnitt.

Die Kronenbäumchen werden oft im Herbst auf den Boden herabgebogen und als Frostschutz mit Reisig und Erde beschwert. Dabei brechen leider manchmal die Stämme, besonders wenn sie schon älter sind. Eine andere Möglichkeit wäre, die Kronen im Spätherbst vorerst schwächer einzukürzen und mit Holzwolle sowie festem Packpapier oder mit Vlies bzw. Jutegewebe einzupacken. Im Frühjahr werden alle frostgeschädigten Zweige entfernt und die Triebe nachgeschnitten.

Kletterrosen

Diese gewöhnlich sehr starktriebigen Sträucher werden an einem Spaliergerüst erzogen. So sind sie auch am besten zu pflegen, denn der Schnitt dieser Rosen ist immer eine sehr »verletzende« Angelegenheit und nur mit festen Lederhandschuhen ratsam!

Trotzdem ist der Schnitt eigentlich sehr einfach, wenn wir uns einprägen, dass die schönsten Blütensträuße immer aus den starken, vorjährigen Ruten kommen. Diese bleiben daher weitgehend erhalten, sie werden nur eingekürzt, wenn sie zu lang sind oder Frostschäden aufweisen.

Die seitlichen, reichblühenden Triebe, die aus diesen langen Ruten

Schnitt der Kletterrosen.

entspringen, kürzt man im folgenden Frühjahr auf wenige Augen ein; sie blühen dann noch einmal gut. Ab dem 3. oder 4. Jahr aber vergreisen die Verzweigungen zusehends. Man kann sie nun am Stamm wegschneiden und hoffen, dass Beiaugen austreiben, oder, was besser ist und die Sträucher lichter hält, man verjüngt die Stämme auf tieferstehende, starke Austriebe zurück. Ältere Stämme, die nicht mehr durchtreiben, werden am Boden weggeschnitten. Dafür zieht man neue, starke Basaltriebe als Stämme auf (s. Abb. oben).

Wichtig ist, immer vorwiegend starke, junge Ruten zu haben, dann ist der Blütenflor gesichert. Auf diese Art und Weise kommt man auch mit der Schnittarbeit am besten zurecht. Es ist schließlich sehr unangenehm, eine alte, ungeschnittene Kletterrose auslichten und verjüngen zu müssen.

Eine Ausnahme bei den Kletterrosen bilden die sogenannten »Climbing«-Sorten. Das sind Mutationen verschiedener Beetrosen mit langen »Klettertrieben«. Sie blühen am besten am 2- und mehrjährigen Holz, daher darf man nicht zu stark verjüngen, um immer Triebe verschiedenen Alters zu haben. Vergreisende Stämme setzt man natürlich auch hier auf jüngere Zweige zurück.

Wie bei dieser wilden Heckenrose garantieren bei allen Kletterrosen die kräftigen Neutriebe den besten Blütenansatz im kommenden Jahr.

Strauch- und Wildrosen

Bei diesen Sträuchern, die zumeist viel Platz beanspruchen und daher nur im größeren Garten Platz finden, wird sehr wenig geschnitten. Man lichtet nur totes Holz aus und schneidet von Fall zu Fall die ältesten Stämme am Boden heraus.

Bei dauerblühenden Arten kann aber auch ein ähnlicher Schnitt wie bei den Beetrosen (s. Seite 95) durchgeführt werden. Man belässt die Triebe länger, je nach Stärke mit etwa 5 bis 10 Augen. Schwache Triebe werden überhaupt nicht geschnitten. Diese Büsche bleiben übersichtlich und in Grenzen.

Hecken

Hecken sind beliebt als »lebende Zäune«. Mit oder ohne Gitter bilden sie einen idealen Sicht- und Staubschutz und dämpfen den Straßenlärm. Aber auch innerhalb des Gartens dienen Hecken der Abgrenzung zwischen Zier- und Obstgarten, zum Verstecken des Komposthaufens oder auch nur als niedrige Beeteinfassung, wie man sie früher so gerne mit dem Zwergbuchs gestaltet hat.

Hecken sind aber nur schön, wenn sie richtig gepflanzt und gepflegt werden! Dabei unterscheiden wir zwischen der streng geschnittenen und der natürlichen Hecke.

Natürliche Hecken

Diese Hecken werden aus natürlich wachsenden Sträuchern oder Bäumen gebildet und unterliegen keinem strengen Schnitt. Sie sind zwar wunderschön, brauchen aber viel Platz. Verschiedene Gehölze sind dafür geeignet, z. B. Goldglöckchen, Pfeifenstrauch, Deutzie, Weigelie, Zierquitte, Kolkwitzie, Flieder oder Immergrüne wie Stechpalmen, Wacholderarten, Scheinzypressen, Serbische Fichten oder Lebensbäume (s. Abb. Seite 100).

Verschiedene Säulenformen von Thujen und Scheinzypressen bilden auch ohne Schnitt schmale, hohe Hecken, ebenso die Serbische Fichte. Bei den anderen Sträuchern wird man aber fallweise korrigierend eingreifen müssen, indem man allzu lang herausragende Zweige entfernt oder das Höhenwachstum durch Zurückverjüngen begrenzt. Diese Schnittarbeiten sollten aber nicht auffallen, der natürlich gewachsene Eindruck darf dabei nicht verlorengehen! Für natürliche Hecken rechnet man je nach Gehölzart 1 bis 2 Pflanzen je Meter.

Streng formierte Hecken

Formierte Hecken unterliegen einem laufenden Schnitt und bereiten daher viel Arbeit. Andererseits aber sind sie jederzeit in Form zu halten, werden weder zu breit noch zu hoch und geben ideale, dichte Abgrenzungen. Für streng geschnittene Hecken benötigt man je nach Wüchsigkeit der verwendeten Pflanzenart 2 bis 3 Pflanzen je Meter. Hierbei sind jedoch Blütensträucher kaum zu gebrauchen, höchstens solche, die auch am alten Holz blühen, wie Zierquitten, Kornelkirschen oder Goldglöckchen.

Für streng formierte Hecken kommen vor allem Gehölze wie Hainbuche, Rotbuche, Liguster, Feldahorn, Feuerahorn, Weißdorn, Kornelkirsche, Buchsbaum, Scheinzypresse, Lebensbaum, Eibe, Fichte und eventuell Stechpalme in Frage.

Natürliche Hecken mit verschiedenen Gehölzen.

Der Schnitt von Laubgehölzhecken

Zur Pflanzung verwenden wir kleine Jungpflanzen, die wir, falls es sich um Sommergrüne handelt, sofort stark zurückschneiden. Die Hecke sollte bei mehrmaligem Schnitt alljährlich nur um 15 bis 25 cm höher werden. Wer davon überzeugt ist, durch längeren Schnitt die Hecke früher hoch zu kriegen, wird dies damit büßen, dass sie unten bald locker und lückig wird, oftmals auch verkahlt.

Die Hecke soll aber vom Boden an dicht bleiben – dazu müssen sich die Sträucher oft genug verzweigen. Dies bedingt einen laufenden Rückschnitt. Manche Baumschulen bieten auch schon mehrjährige, hochgezogene und entsprechend geschnittene Heckensträucher an. Diese sind dementsprechend teurer, ergeben aber früher eine fertige Hecke.

Mit dem Schnitt beginnt man vor dem Austrieb und wiederholt ihn bis zum August-September etwa 2- bis 4-mal. Sparrig wachsende, größer belaubte Sträucher wie Feld- und Feuerahorn, schneidet man öfter, kleinlaubige und zartzweigige Gehölze weniger oft. Die Hecke kann lotrechte Wände erhalten oder trapezförmig geneigte. Letztere Form macht mehr Arbeit, ist aber vom Aufbau her günstiger, weil sie einer Verkahlung von unten her vorbeugt. An der Basis der Hecke sollten wir, je nach Gehölzart, mit einer endgültigen Breite von 0,4 bis 1 m rechnen, die Höhe richtet sich nach unseren Wünschen.

Für den Schnitt eignen sich Heckenscheren, bei großen Anlagen haben sich die elektrischen »Mähbalken« am besten bewährt. Für bleistiftstarke und stärkere Zweige nimmt man aber die Baumschere (s. Seite 112).

Immergrüne Hecken

Immergrüne Laubgehölze und Nadelgehölze werden nicht so oft geschnitten wie die vorigen. Es wird genügen, vor dem Austrieb und einmal im Juni–Juli zu schneiden. Dies gilt vor allem für starktriebige Pflanzen wie Stechpalmen oder Fichten. Feintriebige Gehölze können auch 3- bis 4-mal jährlich gestutzt werden. Der letzte Schnitt sollte aber noch im August erfolgen, dass die Schnittwunden vor dem Winter noch verheilen können.

Großblättrige Pflanzen wie Stechpalmen (*Ilex*) oder Lorbeerkirschen (*Prunus laurocerasus*) behandeln wir nicht mit der Heckenschere oder gar mit dem Mähbalken – die zerschnittenen und eingetrockneten Blätter böten einen hässlichen Anblick! Man setzt nur die Baumschere ein. Man wird auch diesen Pflanzen keine absolut ebenen Flächen aufzwingen, sondern durch laufendes Einkürzen aller aus der »Wand« herauswachsenden Triebe eine mehr natürliche Fläche anstreben.

Immergrüne Hecken werden an der Basis allmählich 50 bis 100 cm breit, Fichtenhecken auch breiter. Diesen Abstand muss man schon bei der Pflanzung am Zaun einkalkulieren. Die Heckenhöhe bestimmt die Pflanzenart. Aus baumförmigen Gehölzen lassen sich natürlich viel höhere Hecken erziehen. Allerdings wird bei mehr als 2 m Höhe die Schnittbehandlung

Streng geschnittene Buchshecken.

„Aufgemachte“ Eibenhecke: Hier ist deutlich erkennbar, dass immer nur an der Außenseite geschnitten wurde.

schwierig. Da wäre es besser, Säulenformen zu pflanzen, die nur im Höhenzuwachs ausgleichend zu korrigieren wären. Solche Hecken schließen jedoch nie ganz ideal, weil der Wind die Kronen gegeneinander bewegt.

Niedrige Einfassungen

Für niedrige Hecken innerhalb des Gartens verwenden wir heute kaum noch den Zwergbuchs, eher Zwergberberitzen oder auch blühende Zwergsträucher, die nur einmal vor dem Austrieb geschnitten werden. Für niedrige Hecken eignen sich Fingerstrauch, klein bleibende Spireen wie *Spiraea*-Bumalda-Hybriden oder *Spiraea bullata*, grün-, rot- oder gelblaubige Zwergberberitzen, Mahonien, immergrüne Heckenkirschen wie *Lonicera pileata, L. nitida* und andere Arten.

Die in Blüte und Frucht reizenden Mahonien schneiden wir nicht generell. Wir nehmen nur die längsten Zweige nach der Blüte auf Seitensprosse oder Stammknospen zurück. Auch die außerhalb der Heckenreihe aus dem Boden sprießenden Triebe müssen ausgestochen werden.

Verjüngen

Werden trotz aller Mühe ältere Hecken unten so kahl, dass sie nur mehr die Stämme »herzeigen«, können sie verjüngt werden. Dies ist nicht möglich bei Immergrünen und Koniferen! Die Verjüngung erfolgt wie auf Seite 90 beschrieben. Man sägt die Stämme möglichst tief ab, etwa 25 cm über dem Boden, und zieht aus den Austrieben, die man natürlich nicht auszulichten braucht, die neue Hecke auf. Dabei sind die Sträucher ebenso oft zu schneiden wie junge Pflanzen.

Schnittmaßnahmen an Ziergehölzen

Die folgende Übersicht, geordnet nach den deutschen Pflanzennamen, soll über Schnittmaßnahmen Auskunft geben, wo solche erforderlich sind. Allgemein darf vorausgesetzt werden, dass – auch wenn zu lesen ist »Kein Schnitt nötig« – immer abgestorbene, kranke oder frostgeschädigte Zweige und Stämme zu entfernen sind und ein fallweiser Auslichtungsschnitt vorgenommen wird, um die Kronen einigermaßen licht zu halten. Wenn letzteres nicht geschieht, ist das zwar kein Unglück, doch man sollte trotzdem bedenken, dass zu dichte Sträucher nur wenige und schwache Erneuerungstriebe aus der Basis erzeugen und die Pflanzen eher vergreisen und unansehnlich werden.

Folgende Abkürzungen und Begriffe werden verwendet:

II-XII: Römische Zahlen geben die Monate der Blütezeit an.
F: Das Gehölz ziert vor allem oder auch durch seine Früchte.
Fj: Frühjahr, vor dem Austrieb.
H: Das Gehölz verträgt strengen Heckenschnitt.
R: Rückschnitt der vorjährigen Triebe.
V: Verjüngung im Winter.
Frostschutz W: Schutz des Wurzelbereiches mit Stroh oder Laub.
Frostschutz K: Schutz der Krone mit Nadelholzreisig.
Zweihäusig: Die Pflanze ist getrennt-geschlechtlich. Um Früchte zu erhalten, müssen männliche und weibliche Pflanzen vorhanden sein, wobei 1 männliche für mehrere weibliche genügt.

Schnitt der wichtigsten Ziergehölze

Name	Blütezeit	Schnittbehandlung
Ahorn *Acer*	III-IV	Baumförmige Arten: Pflanzschnitt, Kurzer Aufbauschnitt, Kronenkorrektur. Strauchige Arten: Kein Schnitt. H: Feld- und Feuerahorn
Alpenrose, Azalee *Rhododendron*	V-VI	Kein Schnitt, nur Ausbrechen der abgeblühten Blütenstände. V möglich.
Aralie *Aralia*	VIII	Kein Schnitt. Wenn zu groß, V auf starke Stammknospen.
Aucube	IV-V	F. Zweihäusig. Kein Schnitt nötig. Frostschutz W + K.

Name	Blütezeit	Schnittbehandlung
Bartblume *Caryopteris*	VII-IX	R im Fj. Gibt ohne Schnitt bald dichtes Gewirr teils toter Zweige.
Bastardindigo *Amorpha*	VI-VII	Pflanzschnitt, starker R im Fj.
Berberitze, Sauerdorn *Berberis*	V-VI	F. Kein Schnitt nötig. H: Sommergrüne Arten.
Besenginster *Cytisus scoparius*	V-VI	R nach der Blüte auf fingerlange Teile, aber nicht notwendig. Keine V.
Birke *Betula*	III-IV	Kein Schnitt. Keine V.
Blasenspiere *Physocarpus*	VI-VII	F. Pflanzschnitt, dann nur auslichten. V möglich.
Blasenstrauch *Colutea*	VI-VIII	F. R im Fj günstig, Pflanzen wachsen dann buschiger. V möglich.
Blauschotenstrauch *Decaisnea*	VI	F. Kein Schnitt. V möglich.
Blauregen, Glycine *Wisteria*	IV-V	s. Seite 87.
Blutjohannisbeere *Ribes sanguineum*	IV	Wie Schwarze Johannisbeeren behandeln (s. Seite 69).
Blutpflaume *Prunus cerasifera*	IV	Pflanzschnitt, später Kronenkorrektur, auslichten.
Buchsbaum *Buxus*	-	Kein Schnitt nötig, wird aber gut vertragen. H.
Buschklee *Lespedeza*	VIII-IX	R im Fj auf kurze Zapfen.
Deutzie *Deutzia*	V-VI	Kleine Arten: Fallweise auslichten. Hohe Arten: V auf junge Stammaustriebe.
Eberesche *Sorbus*	V	F. Kein Schnitt nötig, nur Korrektur junger Kronen, später auslichten.
Efeu *Hedera*	IX-X	Kein Schnitt nötig, aber möglich.
Ehrenpreis *Hebe (Veronica)*	V-VI	Kein Schnitt, Frostschutz W + K.
Eibisch *Hibiscus syriacus*	VII-IX	R im Fj auf wenige Augen, auslichten.

Name	Blütezeit	Schnittbehandlung
Eisenholz *Parrotia*	III-IV	Kein Schnitt nötig, V möglich.
Elfenbeinginster *Cytisus praecox*	IV-V	Wie Besenginster, Schnitt aber nicht notwendig.
Erbsenstrauch *Caragana*	V-VI	Kein Schnitt nötig, V möglich. Hohe Arten auch für H.
Essigbaum, Sumach *Rhus typhina*	VI-VII	F. Kein Schnitt nötig. Ausläufer ausreißen, wenn lästig.
Federbuschstrauch *Fothergilla*	IV-V	Kein Schnitt nötig.
Felsenbirne *Amelanchier*	IV-V	F. Zu lange Triebe nach der Blüte ableiten, auslichten, V möglich.
Feuerdorn *Pyracantha*	V-VI	F. Pflanzschnitt, wenn Triebe zu lang. Schnitt meist nicht nötig, aber möglich, sogar H. V möglich.
Fiederspiere *Sorbaria*	VI-VIII	Kein R. Fallweise V auf junge Stammaustriebe. Bodentriebe auslichten.
Fingerstrauch *Potentilla fruticosa*	V-VIII	R im Fj möglich. Sonst kein Schnitt nötig, außer für H.
Flieder *Syringa*	V-VI	s. Seite 85.
Flügelstorax *Pterostyrax*	VI	Kein Schnitt nötig. V möglich.
Gamander *Teucrium*	VII-IX	R im Fj, bei Heckenpflanzung Triebe nur einkürzen. Verblühte Trauben entfernen.
Geißblatt, Heckenkirsche *Lonicera*	III-VIII	Sträucher: Auslichten, keine V. Schlinger: Auslichten, V möglich. Immergrüne: R nach Frostschaden, auch H.
Geißklee *Cytisus* *Cytisus nigrans*	IV-VI	Kein Schnitt nötig, aber R sofort nach der Blüte möglich. Keine V. R im Fj auf fingerlange Zapfen.
Gewürzstrauch *Calycanthus*	V-VII	Kein Schnitt nötig. V möglich.
Ginster (echter) *Genista*	V-VIII	Kein Schnitt. Nur bei Färberginster (*G. tinctoria*), R im Fj auf kurze Zapfen.
Glanzmispel *Photinia*	VI	F. Kein Schnitt, nur nach Frostschaden.

Name	Blütezeit	Schnittbehandlung
Goldglöckchen *Forsythia*	IV-V	Eventuell R sofort nach der Blüte. V möglich, s. Seite 84.
Goldregen *Laburnum*	V-VI	Kein Schnitt, höchstens Pflanzschnitt. Keine V. Giftpflanze.
Hainbuche *Carpinus*	-	Im Garten nur für H.
Hartriegel *Cornus*	IV-VII	Großblütige Arten: Kein Schnitt. Buntrindige Arten: V der alten Stämme zugunsten junger Ruten.
Haselstrauch *Corylus*	II-III	V der alten Stämme, eventuell Auslichten der Bodentriebe.
Heckenkirsche *Lonicera*		Siehe Geißblatt.
Heidekraut 1. Besenheide *Calluna* 2. Schneeheide *Erica*	 VII-IX III-IV	 R im Fj nur, wenn zu hoch. Kein Schnitt nötig, eventuell R nach d. Blüte.
Hortensie *Hydrangea* *H. arborescens* *H. paniculata*	VII-VIII	Verblühte Dolden entfernen. V der alten Stämmchen auf junge Zweige. Schneeballhortensie. V der alten Stämmchen bis zum Boden günstig. Rispenhortensie: R im Fj auf 2 bis 3 Augen, schwache Triebe entfernen.
Indigostrauch *Indigofera*	VI-VIII	R im Fj bis nahe zum Boden. Frostschutz: W.
Jasmin, Echter *Jasminum nudiflorum*	XI-IV	Kein Schnitt nötig, aber möglich (z. B. für die Vase).
Johanniskraut *Hypericum*	VII-IX	Bei sommergrünen Arten R im Fj günstig für buschigeren Wuchs.
Judasbaum *Cercis*	IV-V	Kein Schnitt, nur Ableiten zu starker Ruten im Sommer. V möglich. Wundpflege.
Kammminze *Elsholtzia*	VIII-X	R im Fj auf kurze Zapfen in Bodennähe. Frostschutz: W.
Katsurabaum *Cercidiphyllum*	-	Kein Schnitt nötig, wird mit der Zeit ein großer Baum oder Strauch.
Keuschbaum *Vitex*	VII-IX	R im Fj auf kurze Zapfen mit 2 bis 3 Augen. Frostschutz: W günstig.

Name	Blütezeit	Schnittbehandlung
Knöterich (Schling-K.) *Fallopia (Polygonum)*	VII-IX	R im Fj oft nötig bei zu üppigem Wuchs. V möglich.
Kolkwitzie *Kolkwitzia*	V-VI	Kein Schnitt. Später auslichten, fallweise V auf jüngere Stammaustriebe.
Kornelkirsche *Cornus mas*	III-IV	Auch für H. F.
Kranzspiere *Stephanandra*	VI-VII	Kein Schnitt, nur auslichten.
Lavendel *Lavandula*	VII-VIII	Kein Schnitt nötig, außer jenem der Blütenstiele.
Lavendelheide *Pieris*	III-V	Kein Schnitt nötig. V nur, wenn nicht zu vermeiden.
Liguster, Rainweide *Ligustrum*	VI-VII	F (Früchte giftig). Kein Schnitt, nur bei *L. vulgare* u. *ovalifolium* auch H.
Lorbeerkirsche *Prunus laurocerasus*	IV-V u. im Sommer	Kein Schnitt nötig, aber möglich, sogar für H.
Lorbeerrose *Kalmia*	V-VII	Kein Schnitt nötig.
Losbaum *Clerodendron*	VIII-IX	Kein Schnitt nötig, nur nach Frostschaden.
Mäusedorn *Ruscus*	-	F. Zweihäusig. Kein Schnitt. Frostschutz: W + K.
Magnolie *Magnolia*	IV-V	Kein Schnitt, nur auslichten. V möglich, wenn unbedingt notwendig.
Mahonie *Mahonia*	III-IV	F. Kein Schnitt nötig, aber bei *M. aquifolium* Reisigschnitt möglich. V möglich.
Mandelröschen *Prunus triloba*	IV	R sofort nach der Blüte auf basale Neutriebe bzw. 3 bis 4 Augen. Auslichten.
Mispel *Mespilus*	V	F. Schnitt kaum nötig, sonst wie beim Zierapfel.
Ölweide *Elaeagnus*	V-VI	F. Kein Schnitt nötig, aber möglich. Auslichten. V nicht ratsam.
Perückenstrauch *Cotinus*	VI	F in Form fedriger Rispen. Kein Schnitt nötig, aber möglich, auch V.

Name	Blütezeit	Schnittbehandlung
Pfeifenstrauch (Falscher Jasmin) *Philadelphus*	V-VII	Fallweise V der alten Stämme auf junge Seitentriebe oder bis zum Boden. Auslichten.
Pfingstrose *Paeonia suffructicosa*	V-VI	Kein Schnitt.
Prachtspiere *Exochorda*	IV-V	Pflanzenschnitt u. R in den ersten Jahren, dann nur mehr auslichten. Keine V.
Ranunkelstrauch *Kerria*	V-VI	Nur alte Stämmchen auslichten. Wuchert mit Bodentrieben.
Rose *Rosa*	V-IX	s. Seite 94. Zum Teil F.
Rosenakazie *Robinia hispida*	VI u. VIII	s. Seite 86.
Säckelblume *Ceanothus*	VI-VII	R im Fj auf kurze Zapfen. Bei *C. fendleri* kein Schnitt.
Sanddorn Hippophaë	-	F. Zweihäusig. Kein Schnitt nötig.
Scheinhasel *Corylopsis*	III-IV	Kein Schnitt.
Scheinkerrie *Rhodotypos*	V-VI	F. Schnitt kaum nötig, aber möglich. Auslichten.
Scheinspiere *Holodiscus*	VI-VII	Kein Schnitt, nur fallweise V der alten Stämme zugunsten junger Triebe.
Schneeball *Viburnum*	V-VI (XII-IV)	F. Kein Schnitt, nur auslichten. V auf junge Stammaustriebe bei *V. opulus* günstig.
Schneebeere *Symphoricarpus*	VI-IX	F. Kein Schnitt, eventuell auslichten.
Schneeflockenstrauch *Chionanthus*	VI	Kein Schnitt nötig, V möglich.
Schneeglöckchenstrauch *Halesia*	V	Kein Schnitt nötig, höchstens auslichten. Keine V.
Schönfrucht *Callicarpa*	V-VI	F! Kein Schnitt nötig, V möglich.
Seidelbast *Daphne*	III-IV	Kein Schnitt. Giftpflanze. F bei *D. mezereum*.
Silberstrauch *Perovskia*	VIII-IX	R im Fj auf fingerlange Zapfen über dem Boden.

Name	Blütezeit	Schnittbehandlung
Skimmie *Skimmia*	IV	F. Zweihäusig. Kein Schnitt. Frostschutz: W, raue Lagen auch K.
Sommerflieder, Schmetterlingsstrauch *1. Buddleia alternifolia*	VI	Kein Schnitt nötig, Blüten an vorjährigen Ruten. V auf starke Seitentriebe möglich. Wegschnitt der abgeblühten Ruten gleich nach der Blüte bis auf Neutriebe günstig.
2. Buddleia davidii	VII-X	R auf 2 bis 3 Knospenpaare im Fj.
Sonnenröschen *Helianthemum*	V-X	Kein Schnitt nötig, aber möglich.
Spaltkölbchen *Schisandra*	V	F. Zweihäusig. Nur auslichten oder R, wenn Triebe zu lang.
Spierstrauch *Spiraea* 1. Frühjahrsblüher	IV-VI	Kein Schnitt. Nur fallweise V durch Ableiten der Stämme auf jüngere Triebe.
2. Sommerblüher	VII-IX	R im Fj auf spannlange Zapfen, auslichten. H: R nur im Fj und evtl. nach der Blüte.
Spindelbaum *Euonymus*	-	F. Kein Schnitt nötig, auslichten. V möglich, wenn nötig.
Stechpalme *Ilex*	V	F. Kein Schnitt, nur auslichten. H möglich, bes. bei *Ilex crenata*.
Steinmispel *Cotoneaster*	V-VI	F. Kein Schnitt nötig, aber möglich. Hohe Formen: V durch Ableiten möglich.
Strauchkastanie *Aesculus parviflora*	VII-VIII	Kein Schnitt nötig, aber möglich. V möglich, wenn unumgänglich.
Tamariske *Tamarix*	IV-V oder Sommer	Kein Schnitt nötig. Eventuell R der abgeblühten Zweige bei Frühjahrsblühern, R der Sommerblüher im Fj. V möglich.
Taubenbaum *Davidia*	V-VI	Kein Schnitt, nur auslichten. V möglich, aber dann Kronenkorrektur.
Traubenheide *Leucothoe*	IV-V	Kein Schnitt nötig.
Traubenholunder *Sambucus racemosa*	IV	F. Fallweise V auf jüngere Stammaustriebe, kein R.
Trompetenstrauch *Campsis*	VII-IX	R im Fj auf 2 bis 3 Augenquirle. Für Spaliere einzelne, starke Ruten länger lassen und anheften.

Name	Blütezeit	Schnittbehandlung
Waldrebe *Clematis* *1. Frühjahrsblüher* *2. Sommerblüher, kletternd* *3. Sommerblüher, strauchig*	 V-VI VI-VIII VII-IX	 Kein Schnitt. Nur tote Zweige entfernen. R im Fj, auch V möglich. R im Fj bis nahe zum Boden.
Weide *Salix*	III-IV	Kätzchenweiden: R auf wenige Augen gleich nach der Blüte, auch bei Hängeformen. Zwergweiden: Kein Schnitt.
Weigelie *Weigela*	V-VI	Laufend auslichten und fallweise V auf jüngere Stammaustriebe. Radikale V möglich.
Weißdorn, Rotdorn *Crataegus*	VI	F. Nur auslichten und eventuell später ableiten.
Wilder Wein *Parthenocissus*	-	Schnitt jederzeit möglich, wenn zu groß oder üppig werdend. V möglich.
Zaubernuss *Hamamelis*	II-III oder IX-X	Kein Schnitt nötig. V unterlassen.
Zierapfel *Malus*	IV-V	F. Pflanzschnitt und 1- bis 2-jähriger Aufbauschnitt, auslichten. V wie bei Apfel.
Zierhimbeere *Rubus odoratus* u. a. *Rubus henryi*	V-VI	Behandlung wie Himbeeren. Nur Auslichten toter Zweige.
Zierkirschen *Prunus serrulata, P. subhirtella* u. a.	IV-V	Pflanzschnitt, wenn Triebe zu lang, sonst nur auslichten im Sommer.
Zierpfirsich *Prunus persica*	IV	R gleich nach der Blüte auf tieferstehende Neutriebe oder Basisaugen. V möglich.
Zierquitte *Choenomeles*	IV-V	F. Kein Schnitt nötig, eventuell Bodentriebe auslichten. H, besonders bei hohen Sorten.
Zierweichsel *Prunus tomentosa*	IV-V	R der abgeblühten Ruten auf junge Neutriebe oder Basisaugen. Wenn man Früchte will, R nach der Ernte auf Jungtriebe.
Zistrose *Cistus laurifolius*	VI-VIII	Kein Schnitt nötig, keine V. Eventuell abgeblühte Rispen entfernen.
Zwergmandel *Prunus tenella*	IV	Kein Schnitt nötig. Bei Veredlungen alte Zweige auslichten.

Verschiedene Korrekturarbeiten

Durchtreiben der Unterlage

Zu den Arbeiten, die nur selten, aber unbedingt durchzuführen sind, gehört das Entfernen von »wilden« Trieben aus der Veredlungsunterlage. Wird dies unterlassen, reißen die zumeist kräftigen Triebe aus der Stammbasis alle Triebkraft aus der Wurzel an sich und unterdrücken allmählich die Veredlung. So etwas ist häufig an Kronenveredlungen der Japanischen Zierkirschen auf Vogelkirsche oder beim Mandelröschen, das meist auf Zwetschen veredelt wird, zu sehen. Auch bei Duftschneeball, Korkenzieherhasel und Rosen treiben oft die Veredlungsunterlagen durch.

Die wilden Austriebe sind leicht an ihrem starken Wuchs und an den andersartigen Blättern zu erkennen. Je eher und gründlicher die Unterlagentriebe entfernt werden, umso besser wird die Veredlung gedeihen. Kommen die Wildtriebe aus dem Boden, müssen sie freigelegt und an der Ansatzstelle glatt weggeschnitten werden.

Besonders wichtig ist die Behandlung von Unterlagenaustrieben bei Umveredlungen von Bäumen oder älteren Fliedersträuchern. Man hält anfangs nur etwa 30 cm lange Stammteile unterhalb der Pfropfköpfe von Austrieben frei, tieferstehende belässt man und kürzt sie nur ein, wenn sie zu üppig treiben. Sie sollen vorübergehend das Stammgerüst ernähren. Allerdings dürfen die Unterlagentriebe niemals höher wachsen als bis zur Veredlungsstelle. Im ersten und zweiten Jahr nach der Veredlung müssen nach und nach alle Unterlagentriebe entfernt werden.

Rückschläge durch Mutation

Viele unserer Gartengehölze verdanken ihre Wuchsform oder Blattfärbung einer Mutation in der ehemaligen Samenanlage oder in einer Knospe der Standardpflanze. Mutationen sind sprunghafte Veränderungen von Erbmerkmalen und können nur auf vegetativem Wege weitervermehrt werden, d. h. durch Veredlung, Stecklinge oder Absenker.

Nun treten bei derartigen Varianten manchmal Rückschläge auf und es entsteht plötzlich ein Trieb, der wieder die ursprünglichen Merkmale der Standardpflanze aufweist. So bringt z. B. ein gelbbuntes Gehölz einen »normalen« grünlaubigen Trieb hervor.

Da viele Farbvarianten durch den Chlorophyll-Ausfall schwächer wachsen, treiben die grünen Rückschläge stark durch. Auch wenn Zwergformen

»durchtreiben«, wie dies bei der Zuckerhutfichte oft vorkommt, die plötzlich einen starkwüchsigen »zweiten Gipfel« bekommt, handelt es sich um einen solchen Rückschlag.

Alle Rückschläge sind natürlich schnellstmöglich an der Entstehungsstelle zu entfernen. Andernfalls würden diese Rückmutanten die Gartenform bald dominieren, also überwuchern und entwerten.

Entfernen von Wurzelausläufern

Manche Gehölze haben die Eigenschaft, Wurzelausläufer zu bilden, die die Umgebung der Pflanze bald in ein Dickicht verwandeln würden, wenn man sie wachsen ließe. So sehr diese Ausläufer oftmals erwünscht sind, um Flächen zu begrünen oder Böschungen zu befestigen (Immergrünes Johanniskraut, Ranunkelstrauch, Zierhimbeere, Bocksdorn), so störend können sie andererseits werden. Berüchtigt sind wegen ihrer Ausläuferbildung beispielsweise Flieder, Hauszwetsche, Schlehe, Essigbaum (*Rhus typhina*), Trompetenstrauch (*Campsis*), Robinien, Brombeeren, Aralien und andere.

Die unerwünschten Ausläufer sind oft schwer zu entfernen. Ein Wegschneiden hätte nur die Bildung zahlreicher neuer Austriebe zur Folge. Man müsste nachgraben und die ganze Wurzel entfernen, wobei nicht gesagt ist, dass der verbliebene Wurzelteil nicht wieder Ausschläge bildet! Beim Essigbaum und bei der Aralie kann man die Triebe mit der Hand herausreißen. Es kommen aber wieder neue Austriebe nach. Diese laufende Arbeit bleibt uns also nicht erspart!

Beim Flieder könnte die Ausläuferbildung durch Veredlung auf Liguster verhindert werden. Diese Kombination ist in den Baumschulen aber kaum erhältlich.

Die Kornelkirsche erfreut das Gärtnerauge durch ihre frühe Blüte,

Wundbehandlung

Wer über Schnittmaßnahmen schreibt, muss auch die Wundbehandlung erwähnen, wenngleich Wunden an Gehölzen nicht nur durch Schere und Säge verursacht werden. Alle Wunden, die größer als 3 cm sind, sollte man so versorgen, dass sie bald überwallen und sich schließen. Wunden stellen immer Eintrittspforten für parasitische Pilze dar, die Stammfäule und Stammsterben einleiten können.

Die Wundpflege beginnt schon damit, dass wir alle notwendigen Verletzungen am Stammgerüst so klein als möglich halten. Äste sägen wir glatt am Stamm weg. Manche Praktiker empfehlen sogar, den meist erhöhten Astansatz oder Astring mit wegzuschneiden. Dies ist allerdings nicht zu empfehlen, weil dadurch die Schnittfläche viel größer würde. Die Überwallung geht auch dann gut und schnell vor sich, wenn dieses »Ansatzpolster« stehen bleibt (z. B. bei *Magnolia kobus*). Keinesfalls darf jedoch ein Aststummel stehen bleiben, denn er würde zurücktrocknen und den Wundverschluss verhindern.

Bei verjüngten Ästen geschieht es oft, dass die Neuaustriebe tiefer kommen und der oberste Aststumpf eintrocknet. Dieser ist dann scharf vom obersten Austrieb an, schräg nach unten wegzunehmen. Grobfaserige Sägewunden werden mit der Hippe nachgeschnitten.

Sind Wunden durch Pilzbefall entstanden, also z. B. durch Krebs (bei Kernobst) oder Valsa (bei Steinobst), sind diese mit der Hippe, notfalls auch mit dem Meißel ganz besonders sorgfältig auszuschneiden und zwar bis in den gesunden Bastteil, d. h. so weit, bis der Bast wieder weiß und frisch aussieht. An Steinobstwunden tritt fast immer Gummifluss auf. Es ist so lange nachzuschneiden, bis kein Gummi mehr vorhanden ist. Manche Fachleute empfehlen, solche Wunden mit verdünntem Essig auszuwaschen.

Anschließend wird die Wunde mit Baumwachs oder einem plastischen Wundverschlussmittel verstrichen. Es sollte elastisch sein, nicht abblättern und lange halten. Außerdem wäre eine pilztötende Wirkung erwünscht. Ein

Schnittwunde mit fortgeschrittener Überwallung.

bewährtes Präparat ist beispielsweise Lac-Balsam®.

Müssen Äste entfernt werden, obwohl der Baum schon in Saft ist, was bei Ahorn, Walnuss und Birke schon im Februar geschehen kann, würden diese Wunden wochenlang »bluten«. Dadurch würde der Baum geschwächt. Hier hat sich das Mittel »Saft-Stop« bewährt, das das Bluten verhindert und ein Auftragen des Wundverschlussmittels ermöglicht. Ansonsten würde das Verschlussmittel auf nassen Wunden nicht haften oder nachträglich abgestoßen werden, wenn die Wunde zu bluten beginnt. Besser ist es immer, solche Gehölze schon im Spätherbst während der Saftruhe zu schneiden, dann bluten die Wunden auch im Frühjahr nicht.

Schnittwerkzeuge und Hilfsmaterial

Wenn andauernd vom Schneiden geschrieben wird, müssen auch die wichtigsten Schnittwerkzeuge kurz besprochen werden.

Wir benötigen zumindest ein gutes Veredlungsmesser, eine Hippe, eine gute Baumschere, eventuell eine Astschere, eine Hebelspannsäge mit verstellbarem Sägeblatt und eventuell eine Schwertsäge. Wer eine Hecke besitzt, braucht auch eine Heckenschere.

Alle Werkzeuge sollten immer in gutem, scharfem und einsatzbereitem Zustand sein.

Messer

Jeder Gärtner sollte wenigstens zwei Messer haben: ein Kopuliermesser und eine Hippe. Beide sind Klappmesser, die man in die Tasche stecken kann.

Kopuliermesser verwendet man vor allem für kleine Schnitte, zum Veredeln, zum Okulieren (dazu hat es die »Nase« zum Ablösen der Rinde), zum Grünschnitt, zum Nachschneiden von kleinen Schnittflächen sowie zum Zerteilen von Bast und Schnüren.

Die Hippe ist wesentlich stärker ausgeführt und hat eine gebogene Klinge mit scharfer Spitze. Mit diesem Messer schneidet man größere Sägewunden nach und glättet Pfropfköpfe. Außerdem dient sie zum »Aufasten« junger Stämmchen sowie zum Ausschneiden und Ausputzen von Stammwunden jeder Art.

Scheren

Die Baumschere ist das wichtigste Werkzeug beim Gehölzschnitt. Sie sollte leicht sein und gut in der Hand liegen.

Heute sind fast ausschließlich einschneidige Scheren gebräuchlich, obwohl sie mit der Gegenbacke leichte Rindenquetschungen verursachen. Aber man schneidet mit einschneidigen Scheren leichter, weil man auch stärkere Äste durch leichtes Nachhelfen, d. h. Herunterdrücken mit der freien Hand mühelos entfernen kann. Bei zweischneidigen Scheren ist das nicht möglich.

Eine Arbeitserleichterung bringen die Rollgriffscheren, die vor allem berufsmäßigen Obstbauern oder Baumwarten zu empfehlen sind.

Die Anschaffung einer Astschere wird meist nicht nötig sein, sie erleichtert aber mit ihren langen Hebelarmen den Auslichtungsschnitt von Beeren- und Ziersträuchern.

Günstig für größere Bäume oder Sträucher ist eine Stangenschere, z. B. an Hängen, wo man mit einer Leiter schlecht zurechtkommt. Kleinere Äste lassen sich damit vom Boden aus entfernen, auch kann man mit ihrer Hilfe bequem Blütenzweige oder Edelreiser herunterholen.

Sägen

Unumgänglich ist für jeden Hobbygärtner die Anschaffung einer Bügelsäge. Ihr Sägeblatt kann durch Lösen des Spannverschlusses in jede gewünschte Richtung gedreht werden, wodurch das Auslichten dicht- oder steilstehender Äste erheblich erleichtert wird. Die grobzähnigen Sägeblätter aus gehärtetem Stahl sind den früher üblichen, kleinzähnigen vorzuziehen. Sie schneiden leichter und bleiben dauergeschränkt. Allerdings sind sie nicht nachzuschleifen und müssen beim Stumpfwerden ausgewechselt werden.

Eine Schwert- oder Klappsäge mit Handgriff oder/und für die Stange kann ebenfalls an schwer zugänglichen Stellen von Nutzen sein. Schwertsägen schneiden auf Zug und müssen gut geschränkt sein.

Heckenscheren

Werkzeuge für den Heckenschnitt sind neben einer normalen Baumschere vor allem die herkömmlichen Heckenscheren mit langen, starken Klingen und die wesentlich besseren, aber natürlich teureren Hecken-Mähbalken, die es mit Elektro- oder Benzinmotor gibt. Vor allem für lange oder hohe Hecken mit strengem Schnitt, wie auch für den Figurenschnitt sind diese Geräte unentbehrlich.

Schnitt mit dem Hochentaster.

Bindematerial

Weitere Bedarfsartikel für die Gehölzformierung sind vor allem Bindebast oder starker, weicher Spagat, den man zum Binden und Formieren vor allem im Obstbau braucht. Sehr gut bewährt hat sich der weiße oder bunte Bast aus Kunstfaser, der allerdings nicht verrottet und daher rechtzeitig wieder gelöst werden muss, wenn er nicht einwachsen soll.

Auch weicher Draht wie Aluminiumdraht, den man in geschnittenen Bündeln bekommt oder isolierter Kupferdraht eignen sich gut zum Binden und Heften. Die Arbeit geht damit schneller als mit dem Knüpfen des Spagates.

Jeder Hobbygärtner sollte auch einige Baumbänder vorrätig haben. Es gibt sehr praktische Kunststoffbänder, die man nachstellen oder lockern kann. Diese können auch nicht einwachsen, weil sie sich zuerst dehnen und schließlich reißen.

Wer gerne selbst Verpflanzungen vornimmt, sollte sich einige Ballentücher vorbereiten. Man kann dafür alte Jutesäcke zerschneiden oder Ballentuch auf Rollen kaufen. Die modernen Ballentücher bestehen aus Kunstfaser und verrotten nicht. Bei ihnen ist nicht zu vergessen, dass nach der Pflanzung die Knoten gelöst oder durchschnitten werden müssen, weil sie sonst einwachsen und die Pflanze abwürgen würden!

Service

Sie suchen weitere Buchtipps rund um das Thema Schnitt? Die Informationen hierzu finden Sie im Serviceteil.

Register

Literatur

Beccaletto, Jacques; Retournard, Denis (2007): Obstgehölze erziehen und formen. Spaliere – Kordons – Palmetten. Verlag Eugen Ulmer, Stuttgart.

Beltz, Heinrich (2011): Ziergehölze schneiden. Verständlich, einfach, schön. Verlag Eugen Ulmer, Stuttgart.

Großmann, Gerd (2011): Obstgehölze schneiden. Schnitt für Schnitt. Verlag Eugen Ulmer, Stuttgart.

Haberer, Martin (2009): Taschenatlas Gehölze. 320 Gehölze für Garten und Landschaft. 2. Aufl. Verlag Eugen Ulmer, Stuttgart.

Hübscher, Heiko (2009): Rosen schneiden. Schnitt für Schnitt. Verlag Eugen Ulmer, Stuttgart.

Jakubik, Uwe (2011): Obstbäume schneiden. Richtig, einfach, erfolgreich. 2. Aufl. Verlag Eugen Ulmer, Stuttgart.

Pirc, Helmut (2009): Taschenatlas Ziergehölze schneiden. Verlag Eugen Ulmer, Stuttgart.

Pirc, Helmut (2011): Alles über Gehölzschnitt. Ziergehölze, Obst und Formschnitt. 2. Aufl. Verlag Eugen Ulmer, Stuttgart.

Bildquellen

fotolia.com/Artem Solovev: Seite 44/45
fotolia.com/lu-photo: Seite 71
fotolia.com/LianeM: Seite 6/7, 114
Bärtels, Andreas: Seite 91
Jakubik, Peter: Seite 62 oben, 65, 74
Jakubik, Uwe: Seite 1, 15 oben, 24, 31, 32, 34 links, 34 rechts, 40 links, 40 rechts, 42, 43 oben, 48, 58, 60 oben, 68, 69, 94, 115, 118
mauritius images/Bridge: Seite 70
mauritius images/BY: Seite 95
mauritius images/Doc Max: Seite 77 unten
mauritius images/FreshFood: Seite 72, 77 oben
mauritius images/Garden World Images: Seite 73, 75, 100
mauritius images/Herbert Kehrer: Seite 43 unten
mauritius images/imagebroker/Helmut Meyer zur Capellen: Seite 2
mauritius images/imagebroker/jpb: Seite 60 unten
mauritius images/Jessie Walker: Seite 102
mauritius images/Kerstin Layer: Seite 98
mauritius images/Manfred Mehlig: Seite 10
mauritius images/Peter Lehner: Seite 83
Photolibrary/Kim Kirby: Titelbild
Pirc, Helmut: Seite 5, 14 rechts, 15 unten, 23, 50, 52, 56, 57, 62 unten, 80/81, 89, 88, 103
Reinhard, Hans: Seite 16, 66, 120/121

Zeichnungen: Helmuth Flubacher nach Vorlagen des Autors.

Die in diesem Buch enthaltenen Empfehlungen und Angaben sind von der Autorin mit größter Sorgfalt zusammengestellt und geprüft worden. Eine Garantie für die Richtigkeit der Angaben kann aber nicht gegeben werden. Autorin und Verlag übernehmen keinerlei Haftung für Schäden und Unfälle. Der Leser sollte bei der Anwendung der in diesem Buch enthaltenen Empfehlungen sein persönliches Urteilsvermögen einsetzen.

Bibliografische Information der Deutschen Nationalbibliothek
Die Deutsche Nationalbibliothek verzeichnet diese Publikation in der Deutschen Nationalbibliografie; detaillierte bibliografische Daten sind im Internet über http://dnb.d-nb.de abrufbar.

Wollgrasweg 41, 70599 Stuttgart (Hohenheim)
E-Mail: info@ulmer.de
Internet: www.ulmer.de
Lektorat: Anne-Kathrin Gomringer
Herstellung: Thomas Eisele
Umschlagentwurf: Atelier Reichert, Stuttgart
Satz: pagina, Tübingen
Druck und Bindung: Firmengruppe APPL, aprinta Druck, Wemding
Printed in Germany

ISBN 978-3-8001-7628-1